NEUROLOGISCHE UNTERSUCHUNGS-SCHEMATA

PERIPHERE UND SPINALE SENSIBILITÄTSBEZIRKE
NEBST BLÄTTERN ZUM EINTRAGEN VON SENSIBILITÄTSBEFUNDEN
REIZPUNKTE DER NERVEN UND MUSKELN

VON

PROFESSOR DR. FRANZ KRAMER
BERLIN

MIT 6 ABBILDUNGEN
UND 50 DOPPELFORMULAREN

BERLIN
VERLAG VON JULIUS SPRINGER
1927

ISBN-13: 978-3-642-98475-4 e-ISBN-13: 978-3-642-99289-6
DOI: 10.1007/978-3-642-99289-6

Die hier vorliegenden Schemata sind zur Eintragung von Sensibilitätsstörungen bestimmt. Auf zwei Blättern sind die Versorgungsgebiete der peripheren Nerven eingezeichnet, auf den beiden darauf folgenden Blättern die spinalen Segmentbezirke. Auf den zur Eintragung der sensiblen Befunde bestimmten Blättern sind dagegen die Grenzen nicht eingetragen; ich habe diese Anordnung gewählt aus der Erfahrung heraus, daß diese Grenzen störend wirken, insbesondere auf den Anfänger leicht einen suggestiven Einfluß ausüben und ihn an der unvoreingenommenen Eintragung des erhobenen Befundes hindern. Die Wahl eines bestimmten (peripheren oder spinalen) Schemas ist auch geeignet, die mitunter schwierige Entscheidung über die Art der Störung vorweg zu nehmen. Es erscheint mir darum am zweckmäßigsten, wenn die Eintragung in eine Abbildung geschieht, die nichts als die Körperform enthält. Der Vergleich mit den auf den vorausgeschickten Abbildungen eingezeichneten Bezirken ergibt dann ein Urteil über die Natur des betroffenen Gebietes.

Die in dem Schema angegebenen peripheren Sensibilitätsbezirke entsprechen den anatomischen Versorgungsgebieten der einzelnen peripheren Nerven, wie sie aus den Darstellungen von Henle, Hasse usw. hervorgehen. An einzelnen Stellen, insbesondere da, wo die Angaben der Anatomen nicht übereinstimmen, sind für die Abgrenzung der Gebiete auch die klinischen Erfahrungen mit herangezogen worden.

Die Empfindungsstörungen bei Läsionen peripherer Nerven bleiben meist erheblich an Ausdehnung hinter den anatomischen Bezirken zurück. Dies beruht vor allem auf der Doppelversorgung der Grenzbezirke. Nur bei gleichzeitiger Läsion mehrerer benachbarter Nerven sind die Gebiete vollkommen von der Empfindungsstörung betroffen. Das Zurückbleiben der Störung hinter den anatomischen Grenzen ist bei den einzelnen Nerven sehr verschieden; sehr stark z. B. beim Axillaris, sehr gering beim Trigeminus, wo der sensible Ausfall sich fast völlig mit dem anatomischen Ausbreitungsbezirke deckt.

Die Angaben über die spinalen Bezirke weichen in erheblichem Maße voneinander ab. Das beruht zum Teil auf der Seltenheit von Fällen, in denen bei genauer sensibler Prüfung eine genügend umschriebene, anatomisch sicher festgestellte Läsion vorliegt, zum anderen Teil auf der erheblichen Überlagerung der einzelnen Wurzelgebiete, wie sie vor allem Sherrington nachgewiesen hat. Das hier angegebene Schema fußt im wesentlichen auf den Angaben von Seiffer, Flatau und Goldscheider. Bei mangelnder Übereinstimmung der verschiedenen Schemata ist derjenigen Grenzlinie der Vorzug gegeben, für welche die klinische Beobachtung mir am meisten zu sprechen scheint. Mit dicken Linien sind die wichtigsten und am besten sicher gestellten Grenzen bezeichnet, so die Scheitel-, Ohr-Kinnlinie (Grenze zwischen Trigeminus und Zervikalgebiet), die Hals-Rumpfgrenze, ferner die Axenlinien der Extremitäten. Die unsicheren Grenzen zwischen den einzelnen Segmenten sind mit gestrichelten Linien eingezeichnet. Sie deuten die ungefähre Lage und den Verlauf der Gebiete an. Im Trigeminusgebiet sind noch zwei Linien eingetragen, die die Ausdehnung der Sensibilitätsstörungen andeuten, wie sie bei Läsionen der spinalen Quintuswurzel (nach den Untersuchungen von Sölder, Schlesinger, Kutner — Kramer) auftreten.

Auf zwei weiteren Tafeln sind auf der einen Körperhälfte die elektrischen Reizpunkte der Nerven und Muskeln angegeben, während die andere Körperhälfte eine Übersicht über die oberflächlichen Muskelschichten gibt. Die Beifügung dieser Tafeln geschah aus der Erwägung heraus, daß es für die Untersuchung zweckmäßig ist, die zur Diagnostik erforderlichen Tafeln vereinigt bei der Hand zu haben.

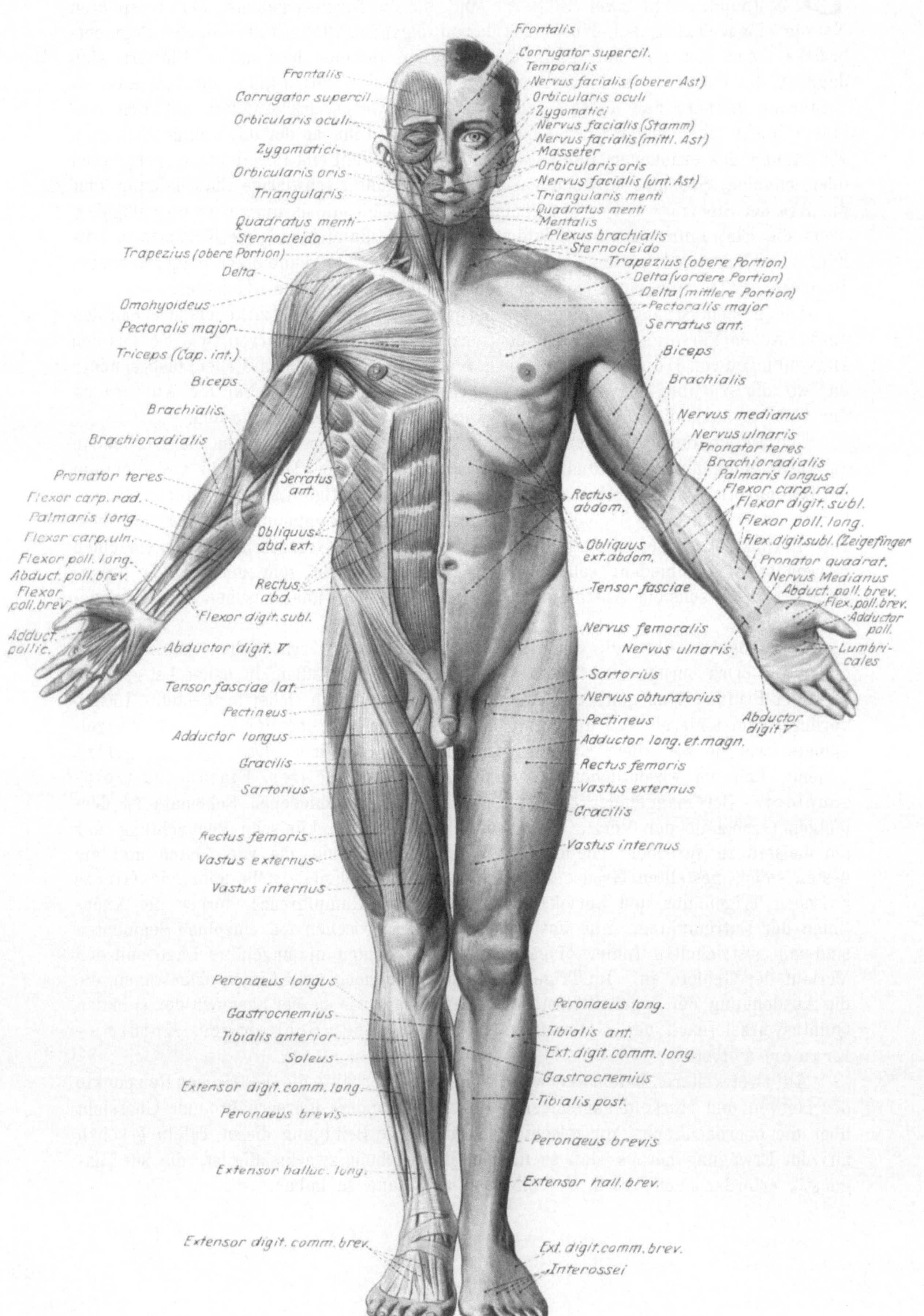

Frontalis
Corrugator supercil.
Orbicularis oculi
Zygomatici
Orbicularis oris
Triangularis
Quadratus menti
Sternocleido
Trapezius (obere Portion)
Delta
Omohyoideus
Pectoralis major
Triceps (Cap. int.)
Biceps
Brachialis
Brachioradialis
Pronator teres
Flexor carp. rad.
Palmaris long.
Flexor carp. uln.
Flexor poll. long.
Abduct. poll. brev.
Flexor poll. brev
Adduct. pollic.
Abductor digit. V
Flexor digit. subl.
Serratus ant.
Obliquus abd. ext.
Rectus abd.
Tensor fasciae lat.
Pectineus
Adductor longus
Gracilis
Sartorius
Rectus femoris
Vastus externus
Vastus internus
Peronaeus longus
Gastrocnemius
Tibialis anterior
Soleus
Extensor digit. comm. long.
Peronaeus brevis
Extensor halluc. long.
Extensor digit. comm. brev.
Frontalis
Corrugator supercil.
Temporalis
Nervus facialis (oberer Ast)
Orbicularis oculi
Zygomatici
Nervus facialis (Stamm)
Nervus facialis (mittl. Ast)
Masseter
Orbicularis oris
Nervus facialis (unt. Ast)
Triangularis menti
Quadratus menti
Mentalis
Plexus brachialis
Sternocleido
Trapezius (obere Portion)
Delta (vordere Portion)
Delta (mittlere Portion)
Pectoralis major
Serratus ant.
Biceps
Brachialis
Nervus medianus
Nervus ulnaris
Pronator teres
Brachioradialis
Palmaris longus
Flexor carp. rad.
Flexor digit. subl.
Flexor poll. long.
Flex. digit. subl. (Zeigefinger
Pronator quadrat.
Nervus Medianus
Abduct. poll. brev.
Flex. poll. brev.
Adductor poll.
Lumbricales
Abductor digit V
Rectus-abdom.
Obliquus ext. abdom.
Tensor fasciae
Nervus femoralis
Nervus ulnaris.
Sartorius
Nervus obturatorius
Pectineus
Adductor long. et magn.
Rectus femoris
Vastus externus
Gracilis
Vastus internus
Peronaeus long.
Tibialis ant.
Ext. digit. comm. long.
Gastrocnemius
Tibialis post.
Peronaeus brevis
Extensor hall. brev.
Ext. digit. comm. brev.
Interossei

Abb. 1

Trapezius
Delta
Hintere Portion
Mittlere Portion
Infraspinatus
Teres major
Latissimus dorsi
Triceps cap. long.
Triceps cap. ext.
Nervus radialis
Triceps cap. int.
Brachioradialis
Extens. carp. rad. long.
Extens. carp. rad. brev.
Supinator
Extens. digit. comm.
Ext. indicis propr.
Extens. poll. brev.
Abductor poll. long.
Interossei
Abductor digit V
Extensor poll. long.
Erect. trunci
Ancon caeus
Flexor carp. uln.
Flexor digit. profundus
Extensor carp. uln.
Glutaeus med.
Glutaeus maximus
Nervus ischiadicus
Adductor magnus
Semitendinosus
Biceps femoris
Semimembranosus
Nervus tibialis
Nervus peronaeus
Gastrocnemius
Soleus
Flexor digit. comm. long.
Flexor hall. long.
Abductor digit. V.
Flexor digit. comm. brev.
Abductor hall.
Sternocleido
Trapezius
Delta
Infraspinatus
Teres minor
Teres major
Triceps
Rhomboideus
Latissimus dorsi
Anconaeus
Brachioradialis
Ext. carp. rad. long.
Ext. carp. rad. brev.
Ext. digit. comm.
Ext. carp. uln.
Flexor carp. uln.
Glutaeus med.
Abductor digit V
Glutaeus maximus
Adductor magnus
Interossei
Gracilis
Biceps femoris
Semitendinosus
Semimembranosus
Gastrocnemius
Soleus
Abductor digit. V
Abductor hallucis
Flexor digit. comm. brev.

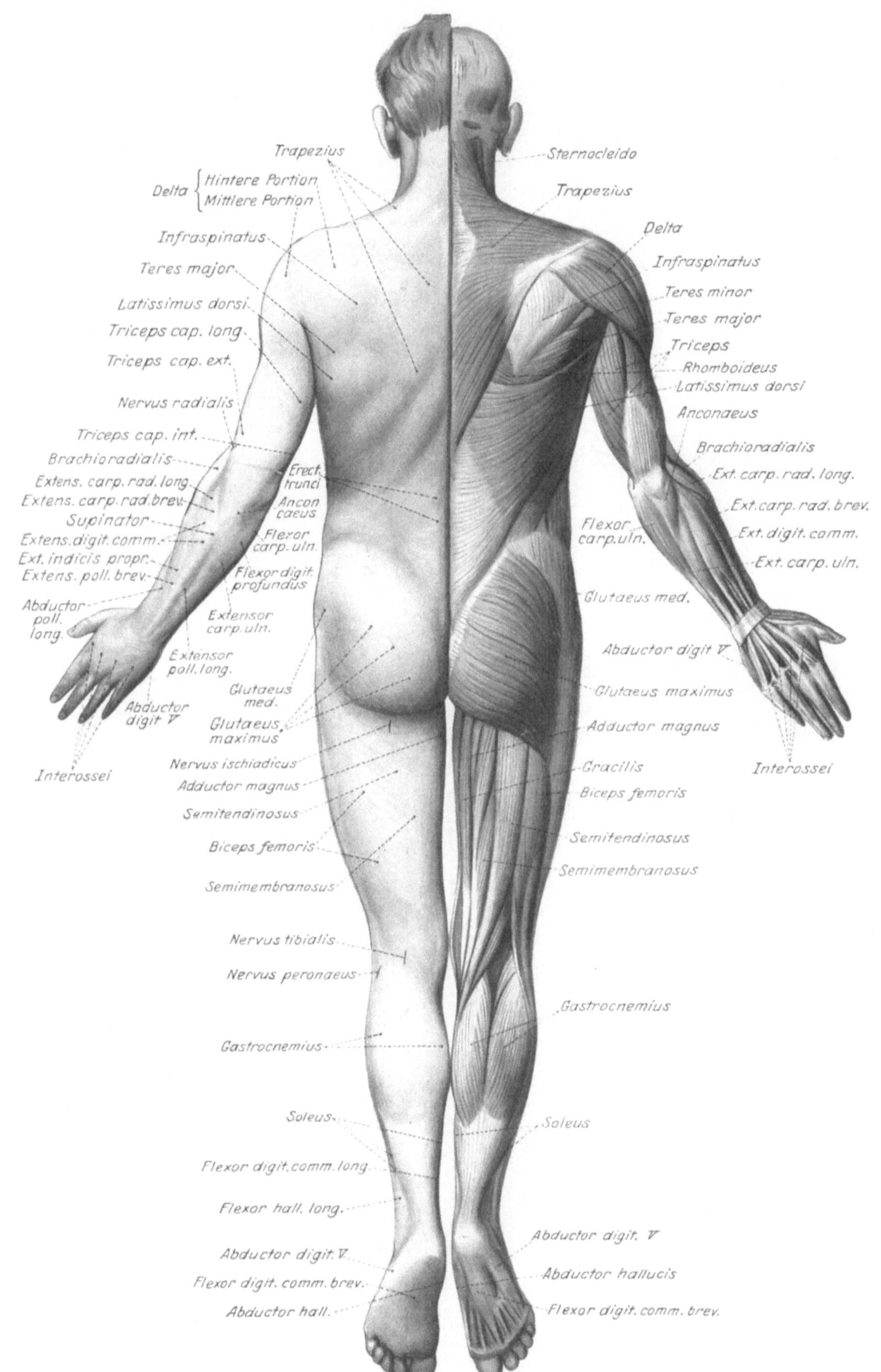

Abb. 2

Trigeminus I
Trigeminus I
Trigeminus II
Trigeminus II
Trigeminus III
Trigeminus III
Auricularis magnus
Auricularis magnus
Cut. colli lat.
Cut. colli lat.
Cut. colli ant.
Cut. colli ant.
Supraclaviculares
Supraclaviculares
Axillaris
Axillaris
Inter-costales rami med.
Inter-costales rami med.
Inter-cost. rami lat.
Inter-cost. rami lat.
Cut. brach. med. et. intercostohumeralis
Cut. brach. med. et. intercostohumeralis
Musculocutaneus
Musculocutaneus
Palmaris (Medianus)
Palmaris (Medianus)
Cut. antebr. med. r. vol.
Cut. antebr. med. r. vol.
Radialis
Radialis
Palmaris (Ulnar.)
Palmaris (Ulnar.)
Medi-anus
Medi-anus
Ulnaris R. vol.
Ulnaris R. vol.
Cut. femor. lat.
Cut. femor. lat.
Iliohypogastricus
Iliohypogastricus
Lumboinguinalis
Lumboinguinalis
Ilioinguinalis
Ilioinguinalis
Spermaticus ext.
Spermaticus ext.
Pudendus
Pudendus
Obturatorius
Obturatorius
Cut. femoris ant. (Femoralis)
Cut. femoris ant. (Femoralis)
Cut. surae lat. (Peronaeus)
Cut. surae lat. (Peronaeus)
Saphenus
Saphenus
Suralis
Suralis
Peronaeus superfic.
Peronaeus superfic.
Peronaeus profund.
Peronaeus profund.
Plantaris lat.
Plantaris lat.
Plantaris med.

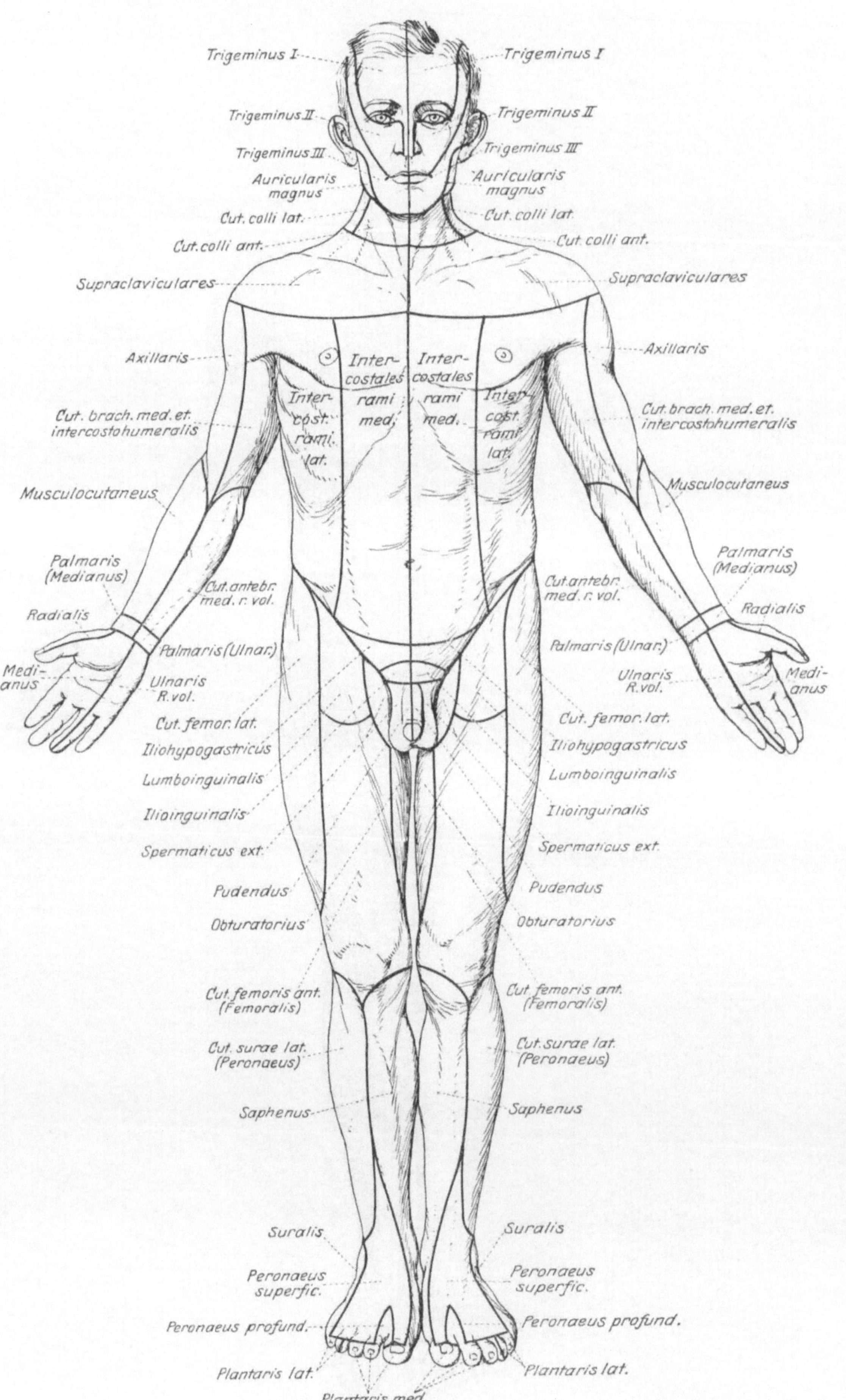

Abb. 3

Trigeminus I
Trigeminus I
Occipitalis major
Occipitalis minor
Occipitalis minor
Auricularis magnus
Auricularis magnus
Cut. colli lat.
Cut. colli lat.
Supraclaviculares
Supraclaviculares
Axillaris
Axillaris
Intercostales ram. post.
Intercost. ram. lat.
Intercost. ram. lat.
Cut. brach. post. (Radialis)
Cut. brach. post. (Radialis)
Cut. brach. med.
Musculocutaneus
Cut. brach. med.
Musculocutaneus
Cut. antebrach. dors (Radialis)
Cut. antebrach. dors (Radialis)
Cut. antebrach. med. (Ram. dors.)
Cut. antebrach. med. (Ram. dors.)
Radialis
Radialis
Nervi clunium (lumb.)
Nervi clunium (lumb.)
Iliohypogastricus (Ram. iliac.)
Iliohypogastricus (Ram. iliac.)
Ulnaris (ram. dors.)
Ulnaris (ram. dors.)
Nervi clunium int. (sacral)
Nervi clunium int. (sacral)
Ulnaris (ram. vol.)
Ulnaris (ram. vol.)
Medianus
Medianus
Cut. femor. lat.
Cut. femor. lat.
Cut. femor. post.
Cut. femor. post.
Saphenus
Saphenus
Cut. sur. med. (Peronaeus)
Cut. sur. med. (Peronaeus)
Cut. sur. lat. (Peronaeus)
Cut. sur. lat. (Peronaeus)
Suralis
Suralis
Rami calcan. (Tibialis)
Rami calcan. (Tibialis)
Plantaris lat. (Tibialis)
Plantaris lat. (Tibialis)
Plantaris med. (Tibialis)
Plantaris med. (Tibialis)
Saphenus
Saphenus

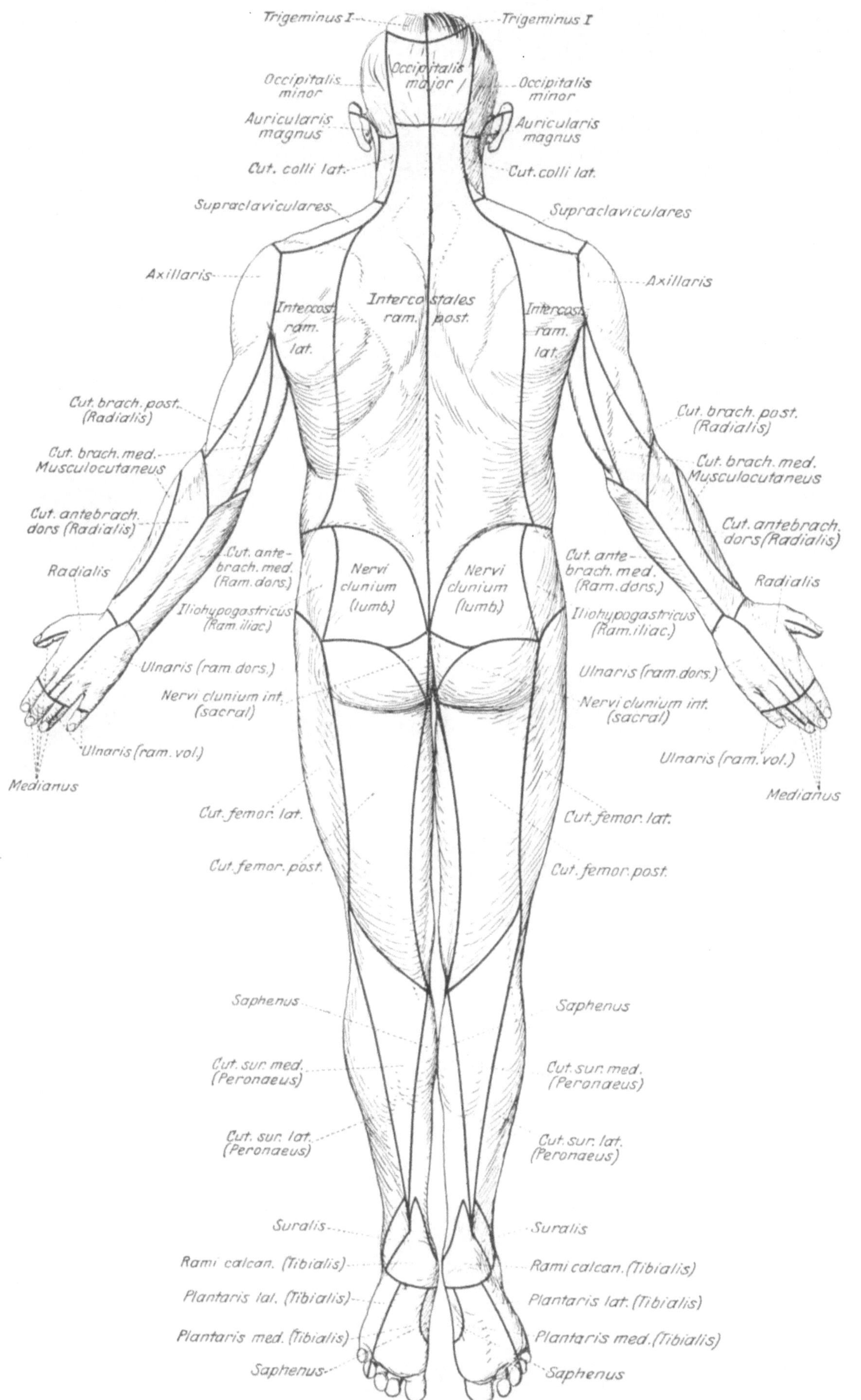

Abb. 4

C2
C2
C3
C3
C4
C4
D2
III R
D2
D4
V R
D4
D5
D5
C5
C5
D6
D6
D1
D1
D7
D7
C6
C6
D1
D10
D10
D1
D12
D12
C7
C7
C8
C8
L1
L1
S3
L2
L2
L3
L3
L4
L4
S1
S1
L5
L5
S1
S1
S2
S2
Abb. 5

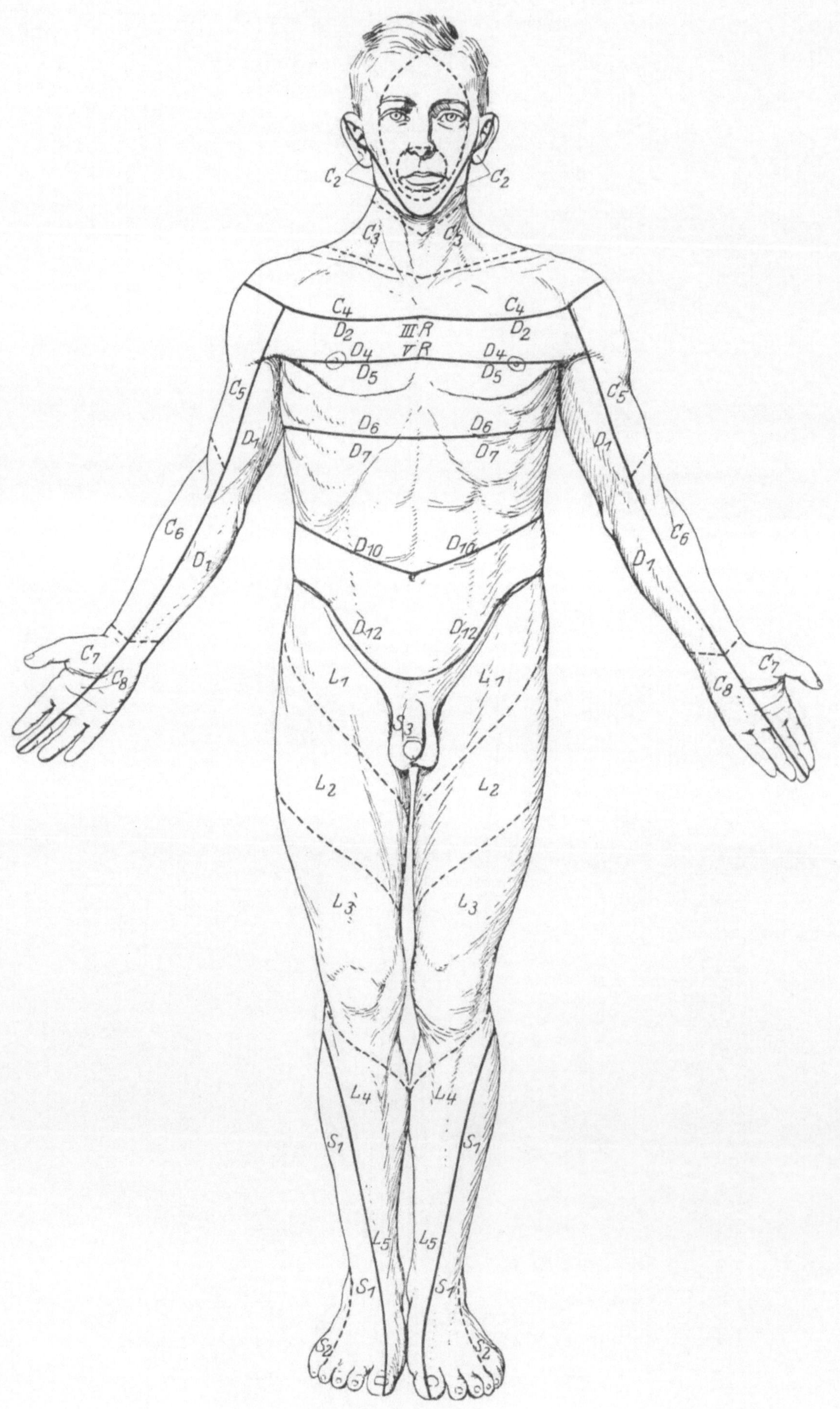

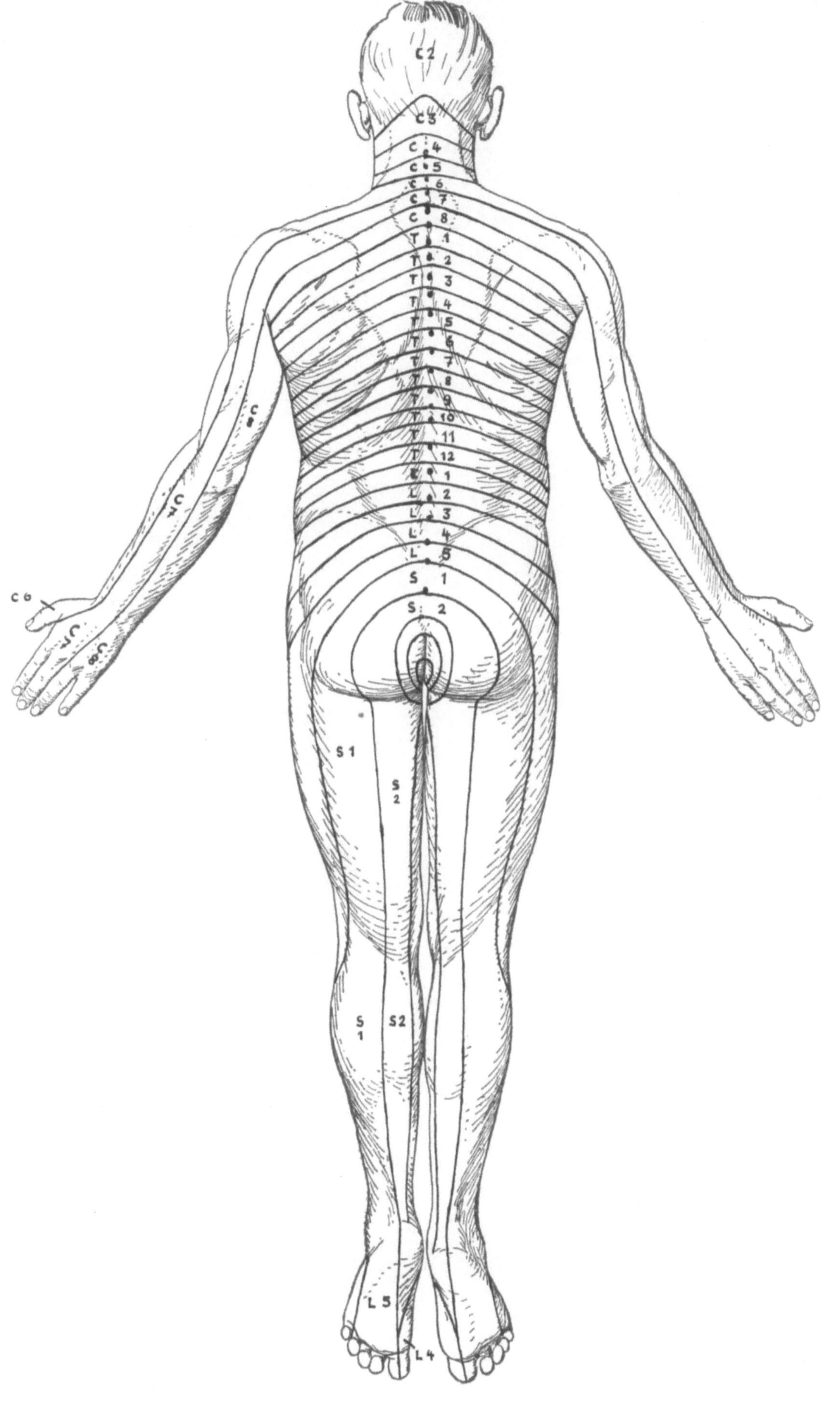

Name: .... Nr.: .... Datum: ....

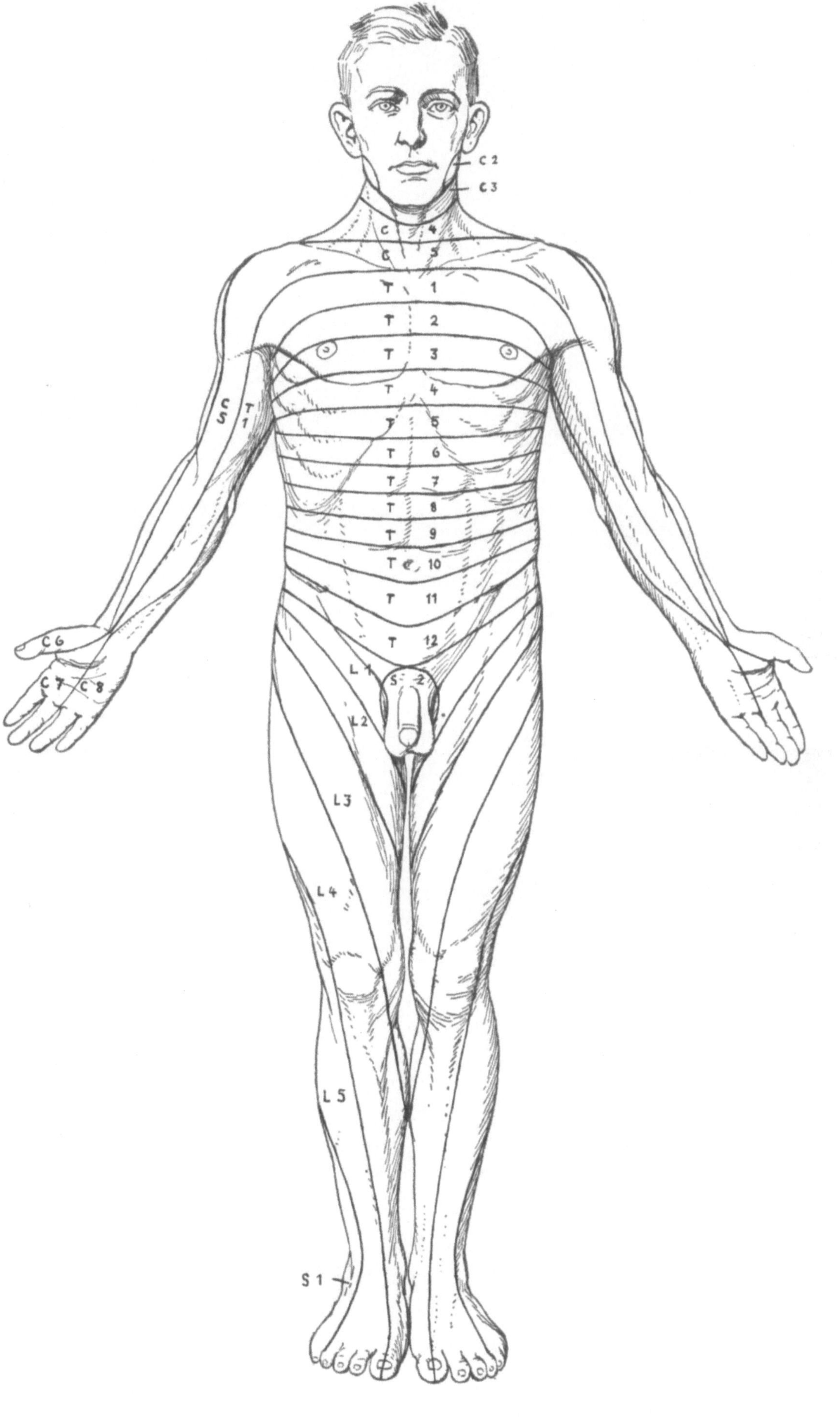

Name: .... **Nr.:** .... **Datum:** ....

C2
C2
IV C
C3
C3
C6-7
C4
C4
III D
D2
V D
D2
C5
D4
D4
C5
D5
D5
VIII D
D6
D6
D7
D7
XII D
D10
D10
D1
D1
D12
D12
C6
C6
L1
S3
S4
S3
L2
L2
C7
S2
S2
C7
S5
C8
C8
L3
L3
S2
S2
L2
L2
L3
L3
S2
S2
S1
S1
L5
L5
S2
S2
S1
S1

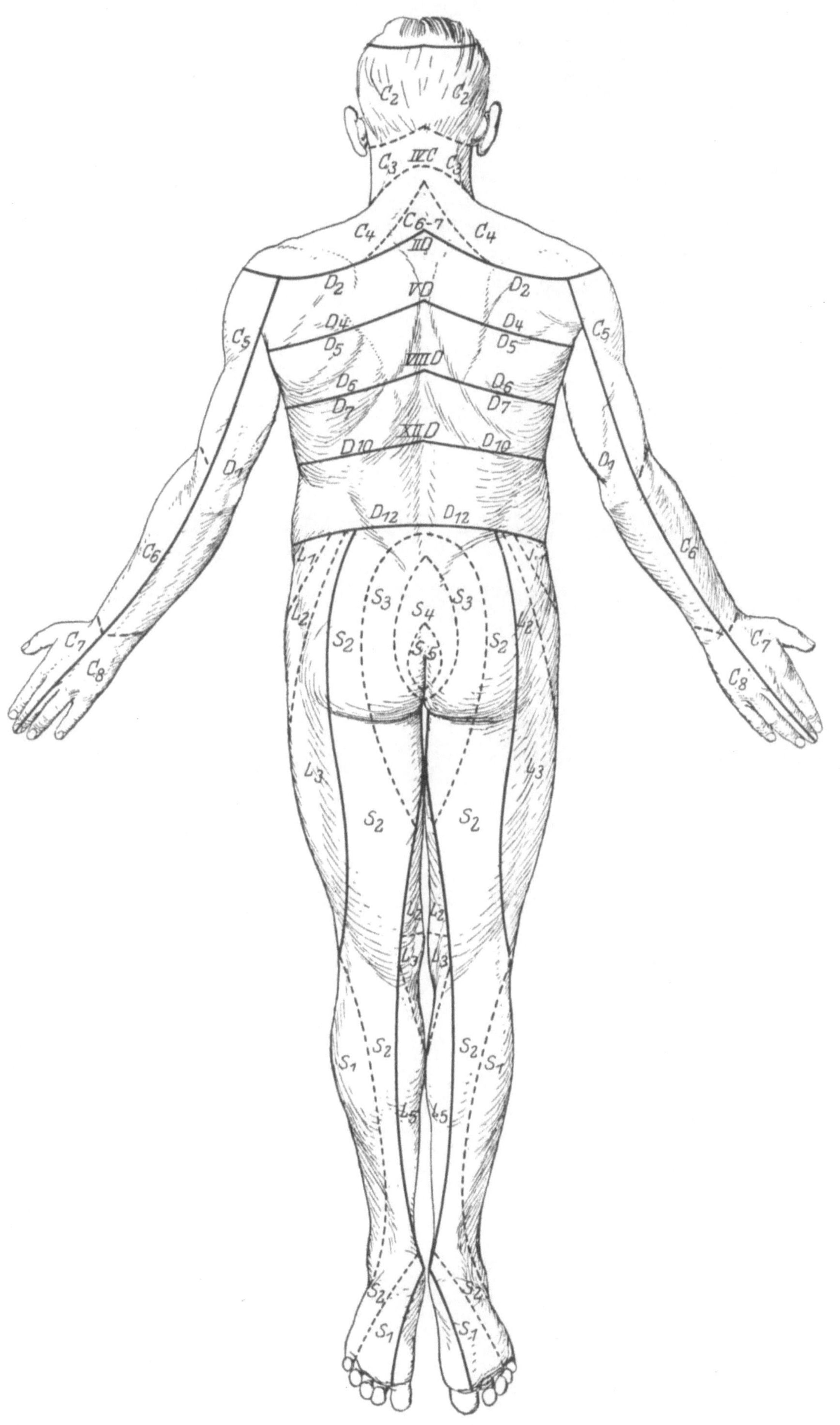

Abb. 6

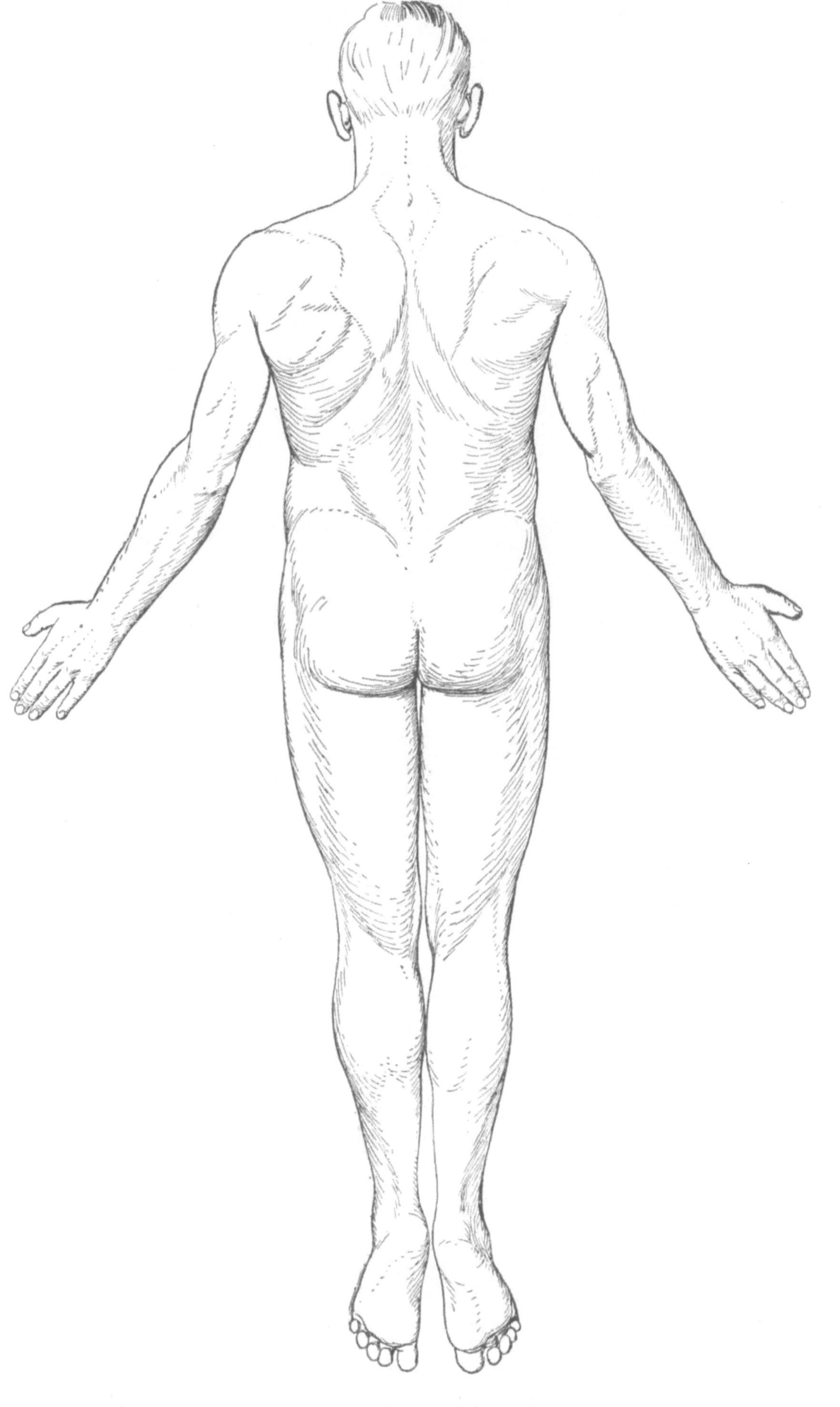

Name: .... Nr.: .... Datum: ....

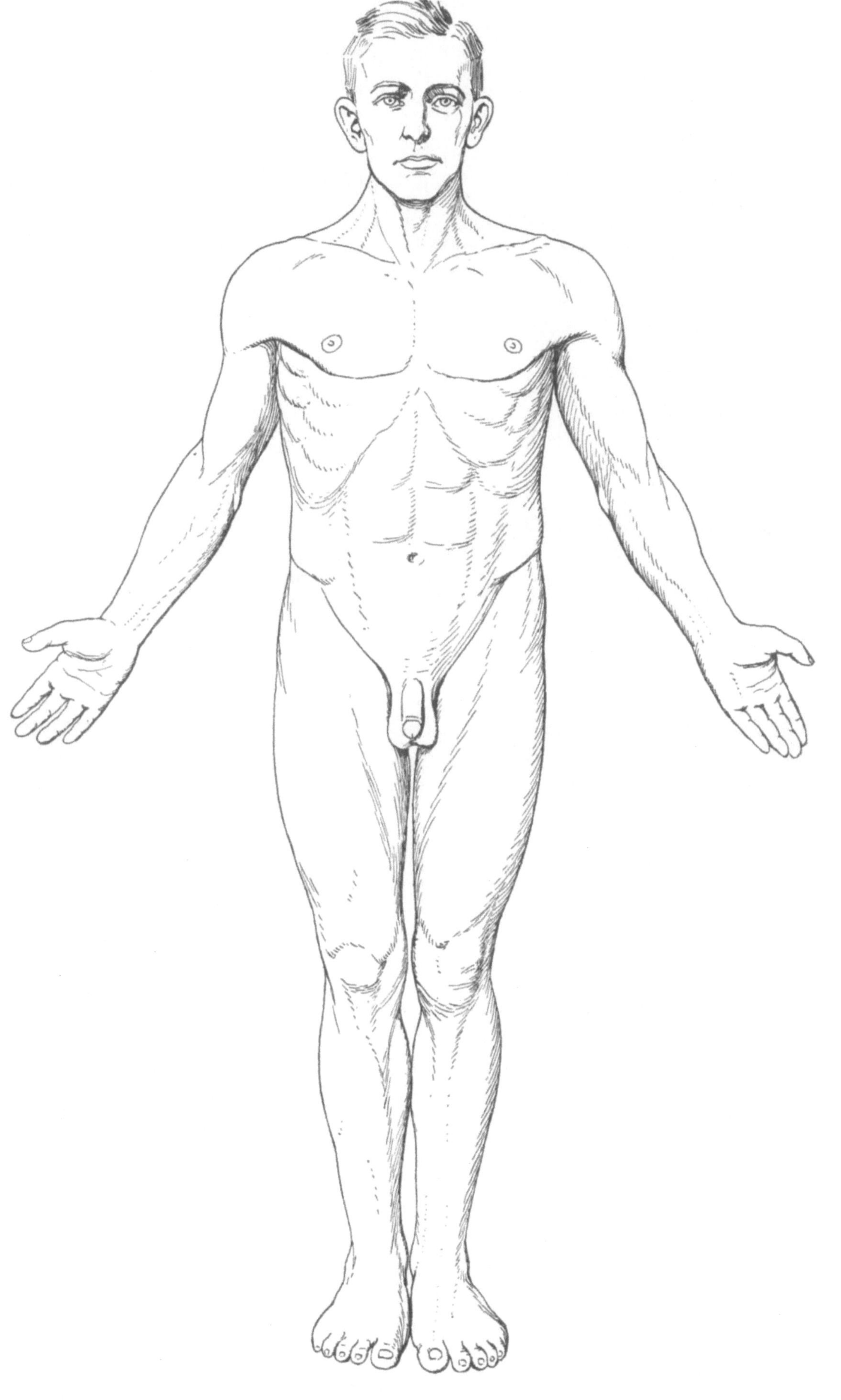

Name: .... Nr.: .... Datum: ....

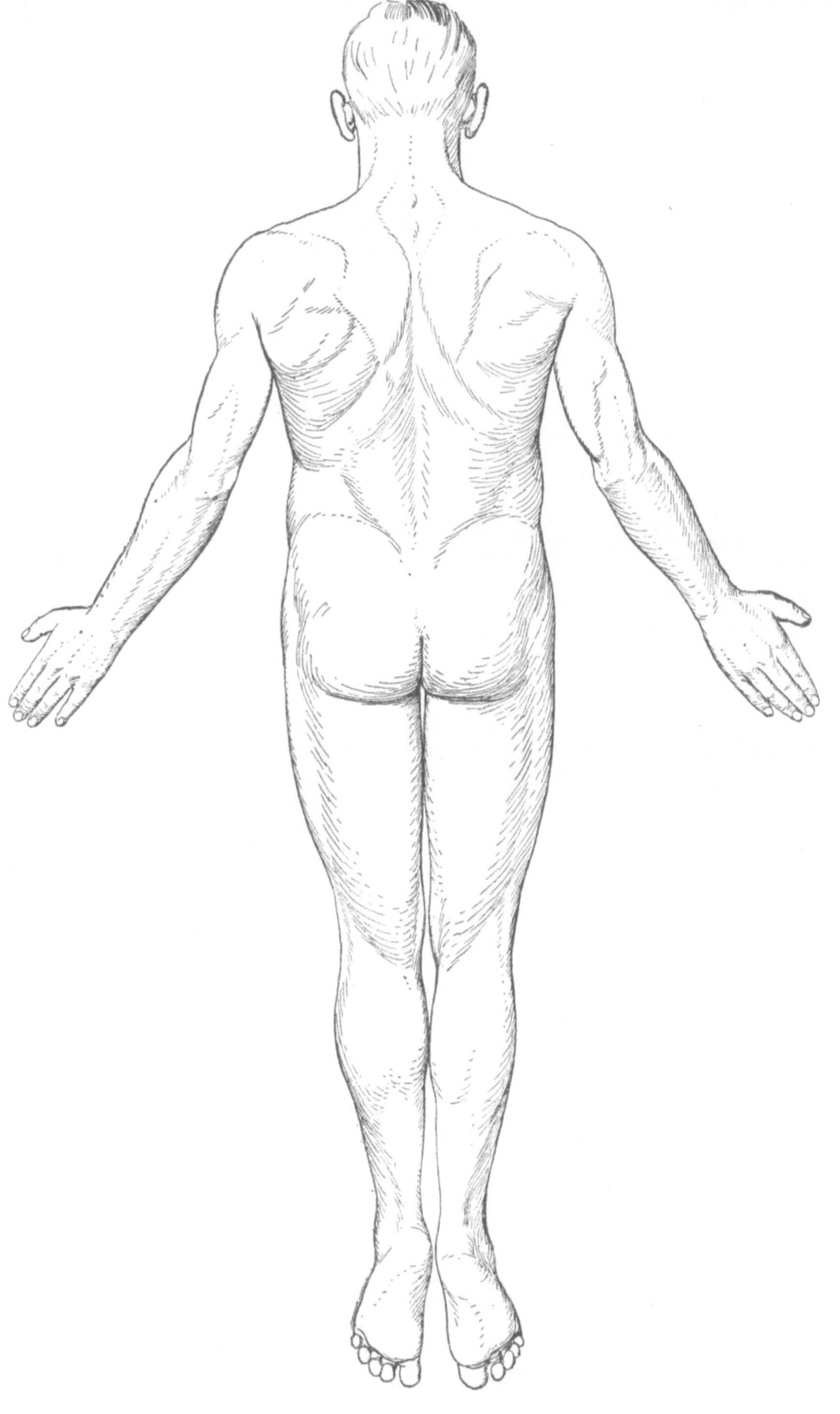

Name: .... Nr.: .... Datum: ....

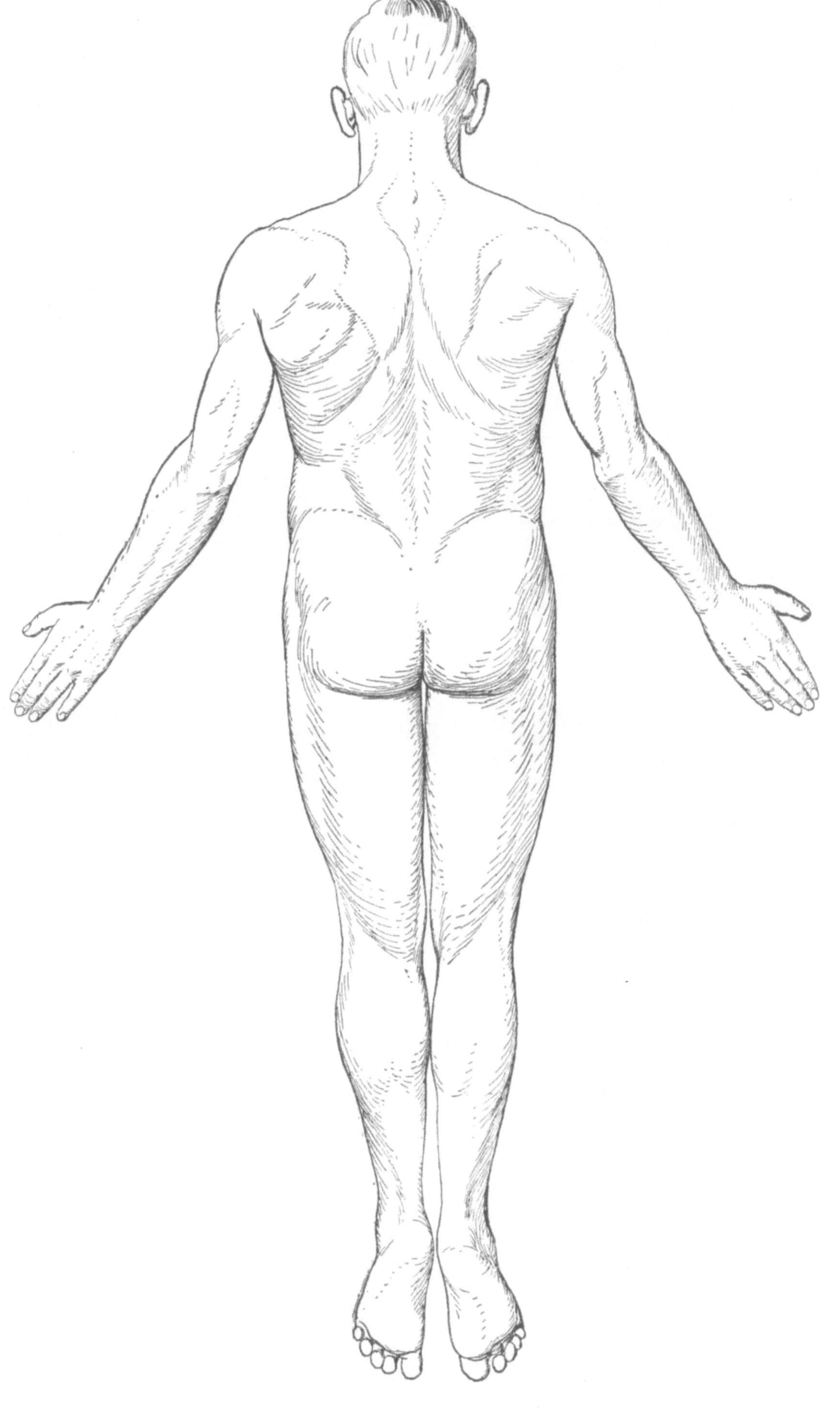

Name: .... **Nr.:** .... **Datum:** ....

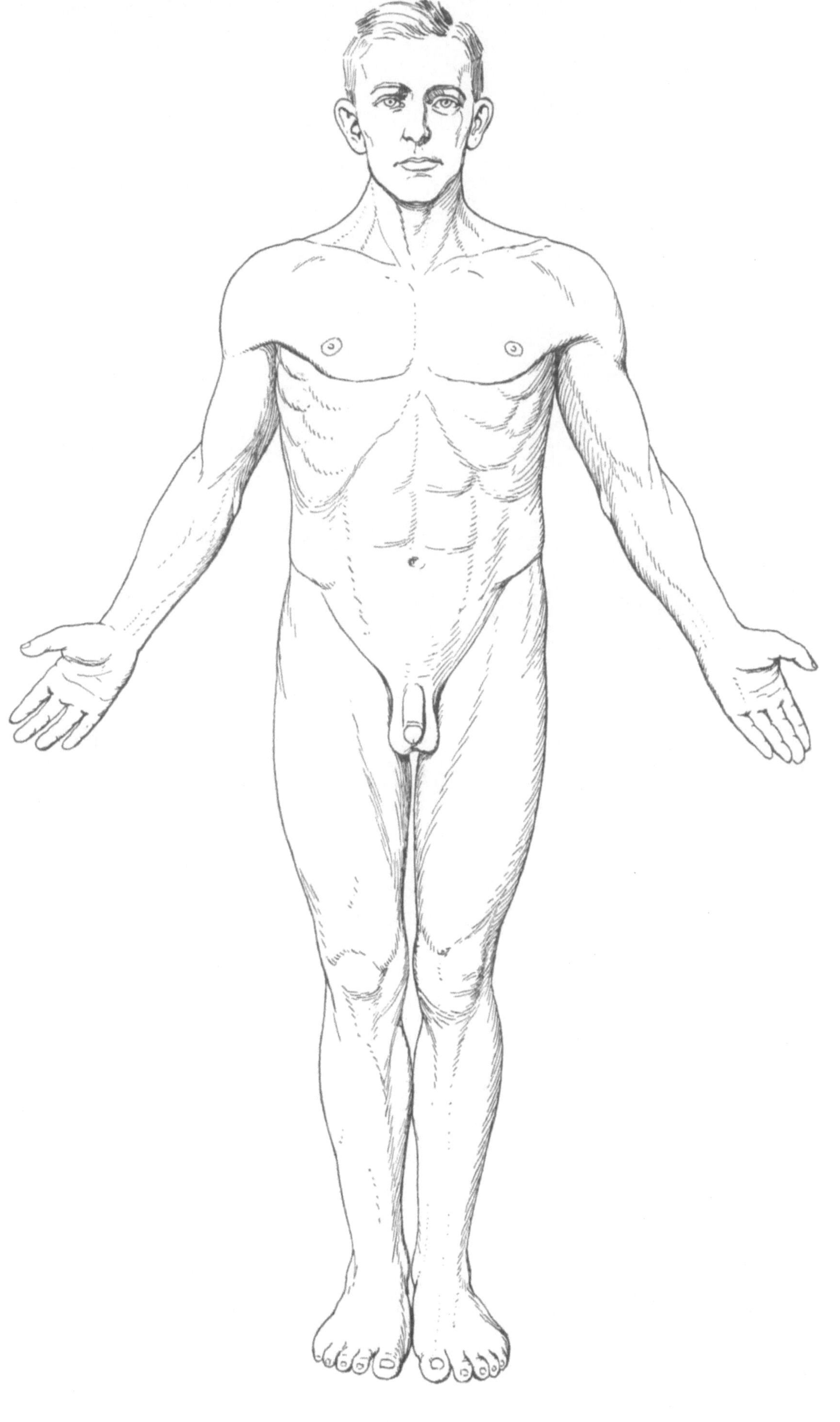

Name: .... Nr.: .... Datum: ....

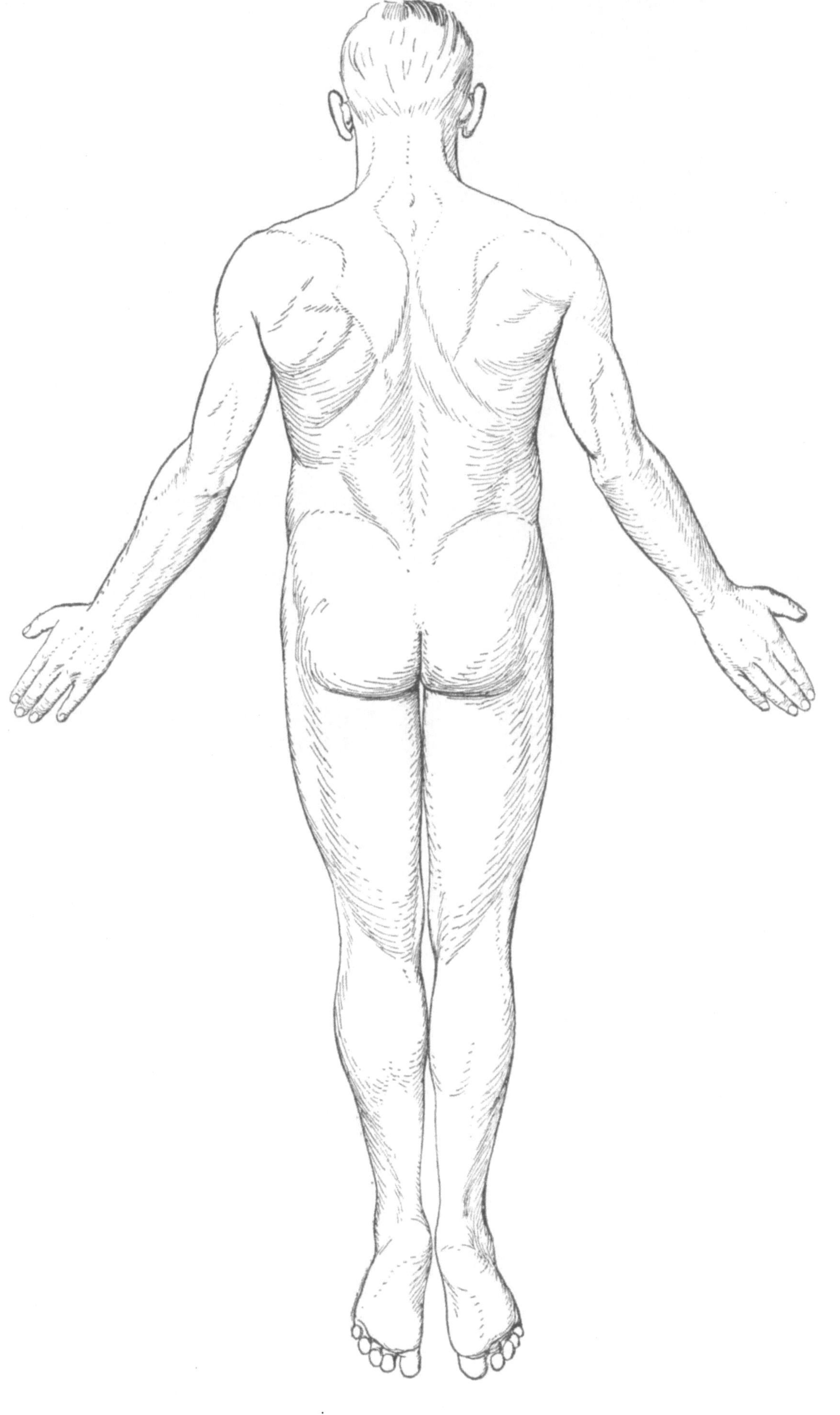

Name: .... Nr.: .... Datum: ....

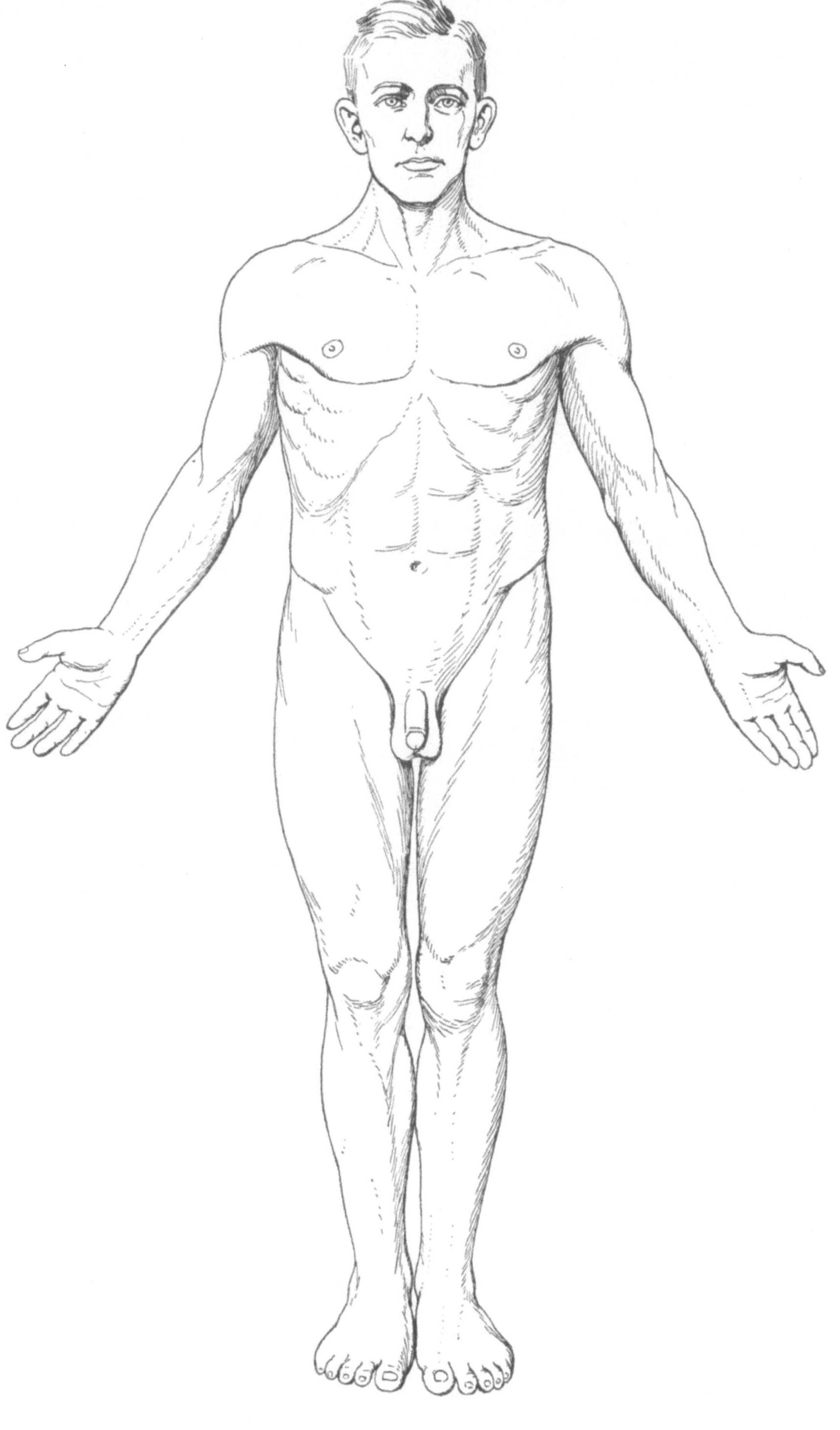

Name: .... Nr.: .... Datum: ....

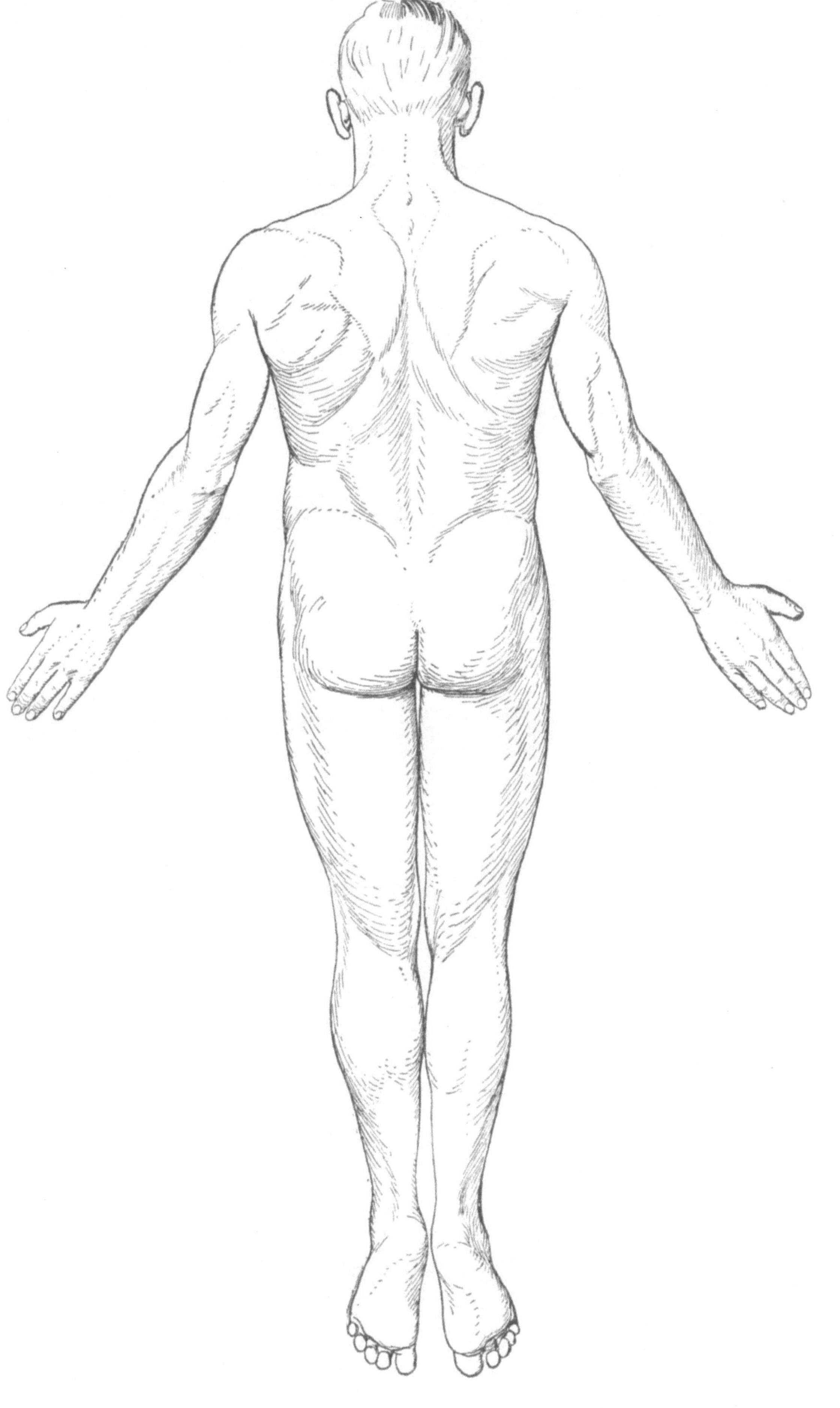

Name: .... Nr.: .... Datum: ....

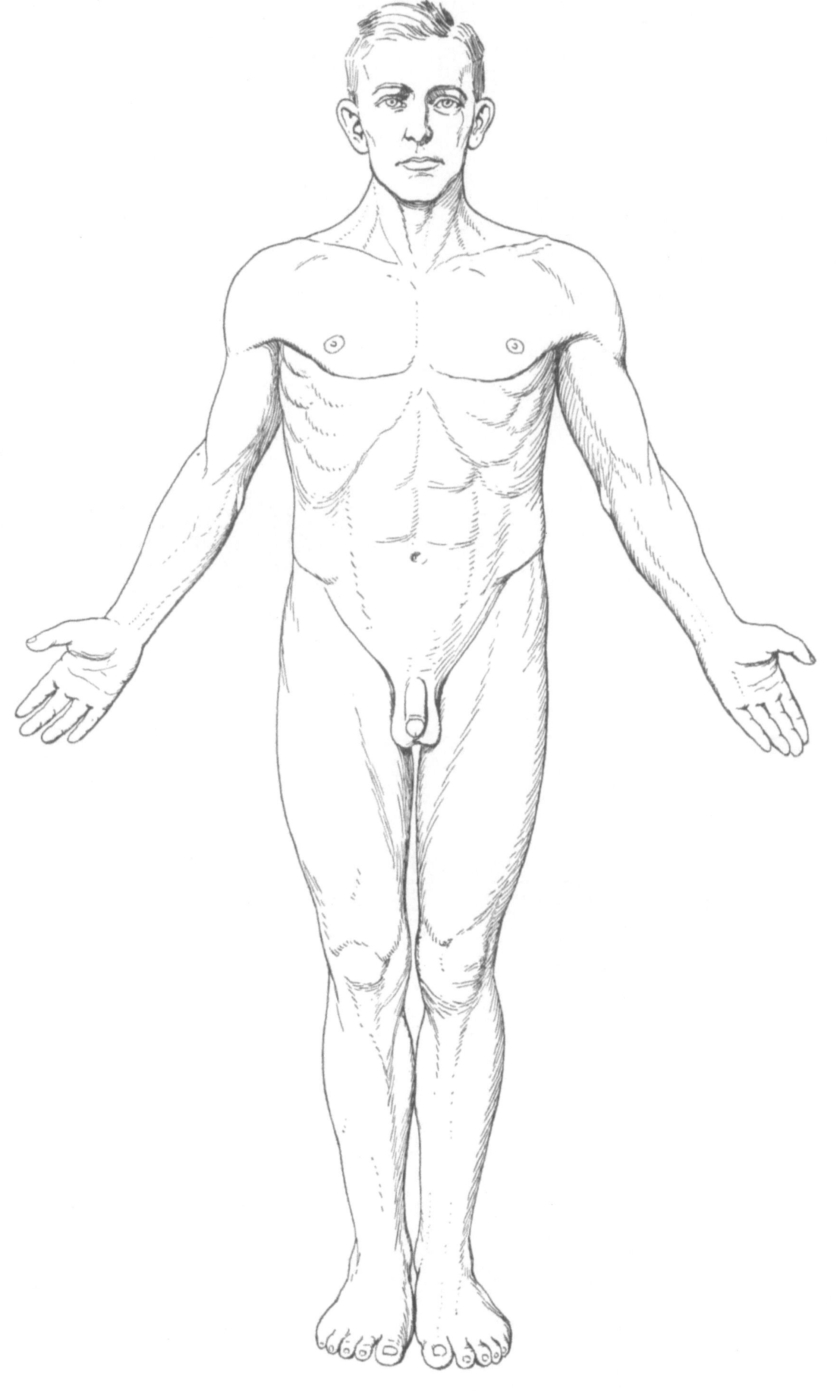

Name: .... Nr.: .... Datum: ....

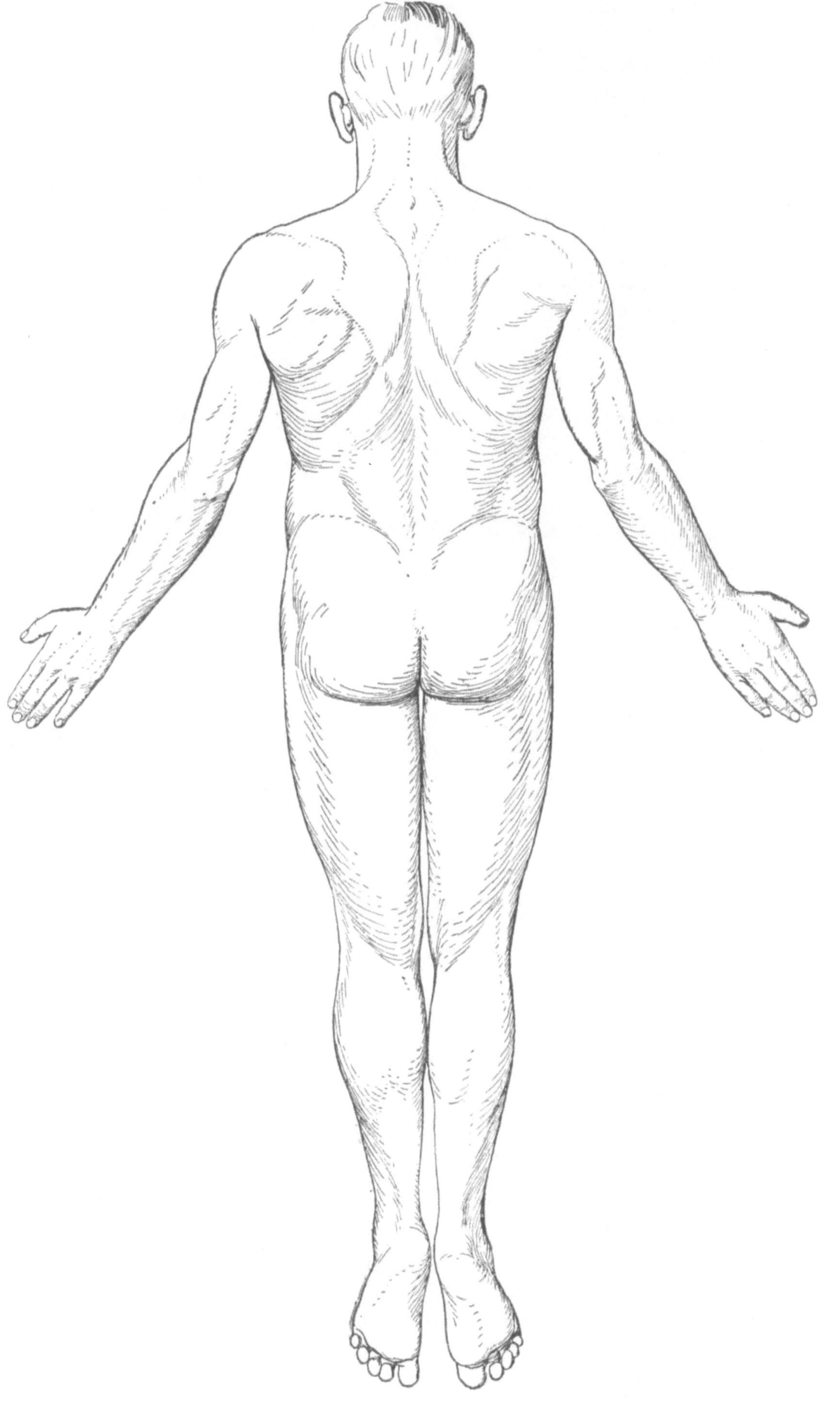

Name: .... Nr.: .... Datum: ....

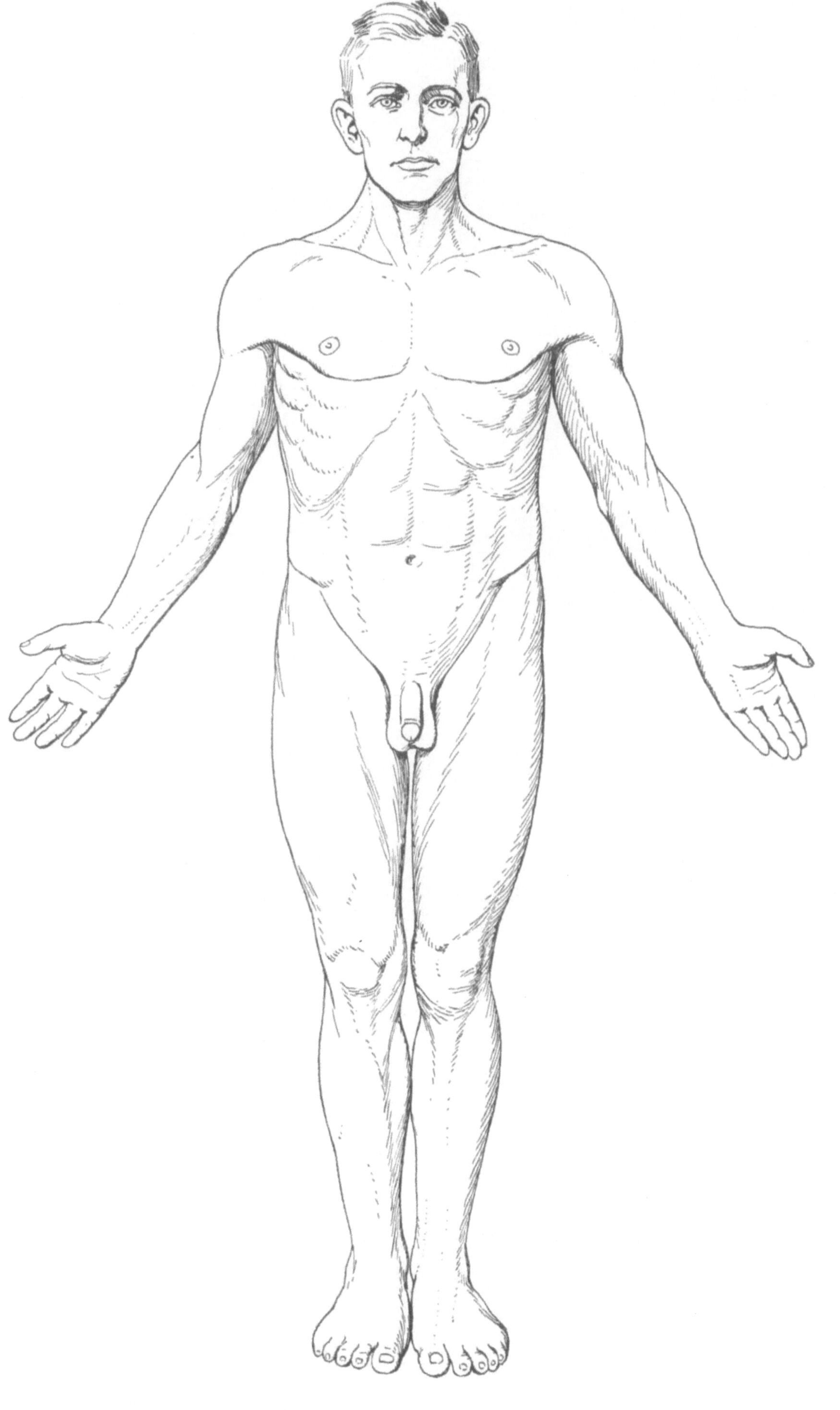

Name: .... Nr.: .... Datum: ....

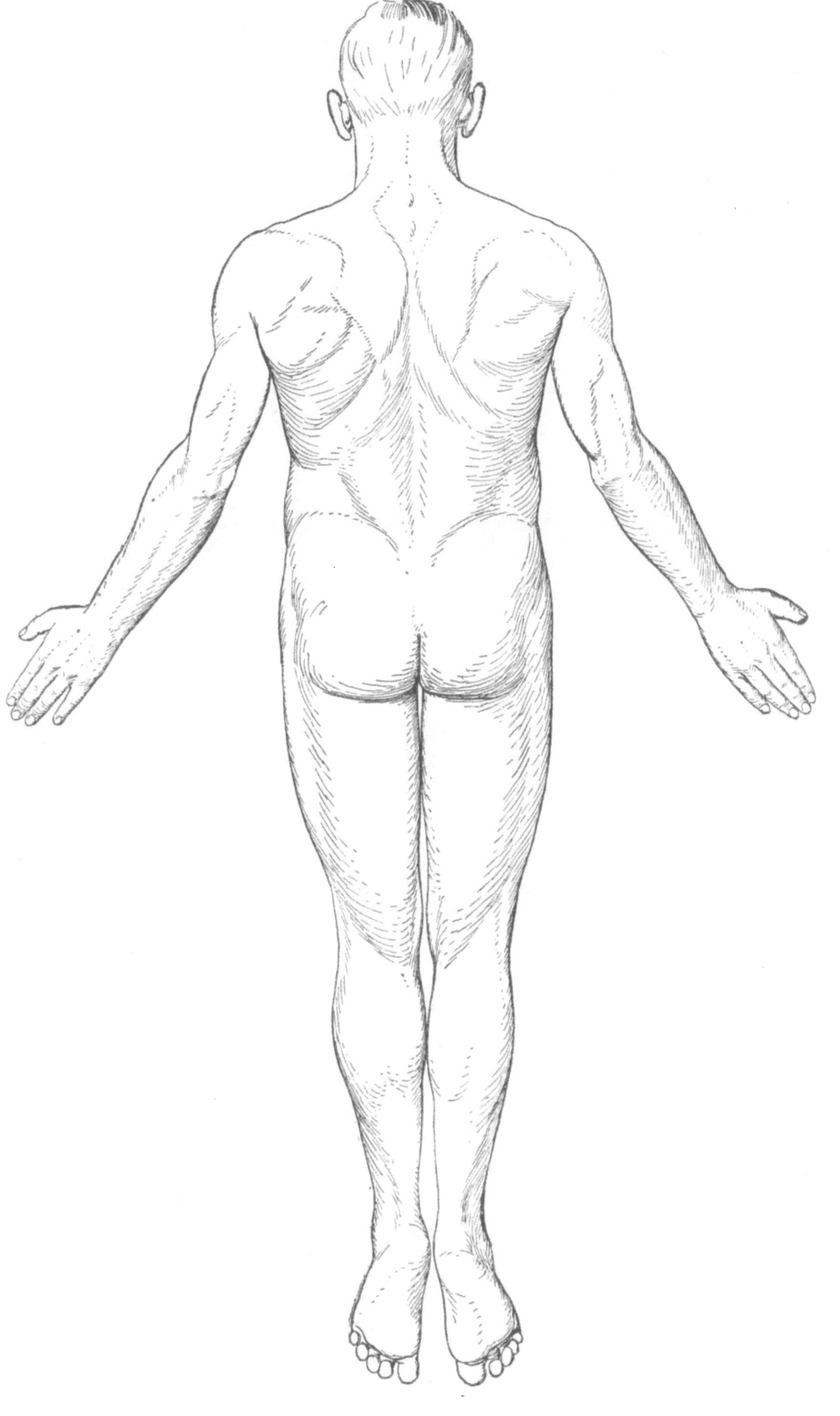

Name: .... Nr.: .... Datum: ....

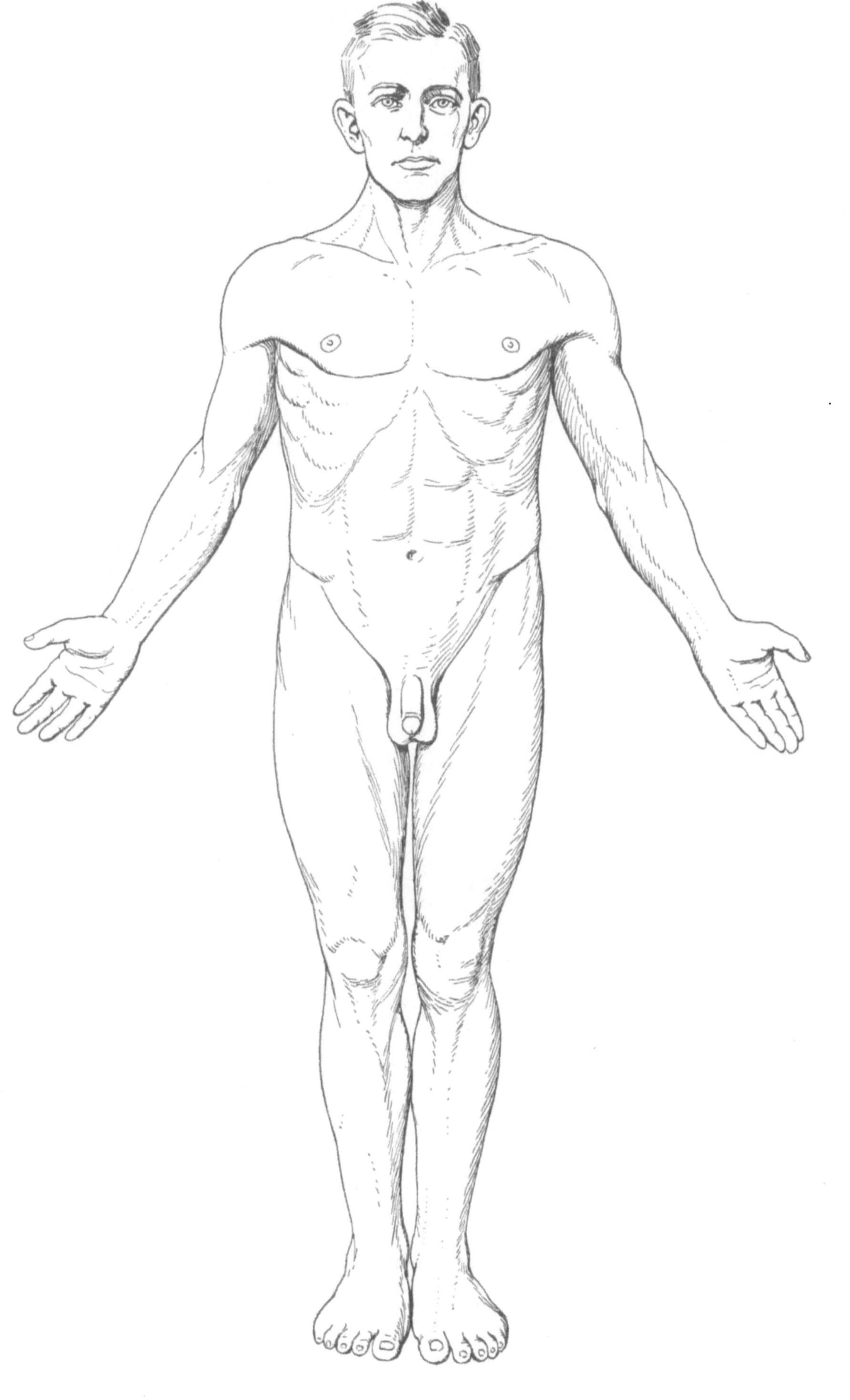

Name: .... **Nr.:** .... **Datum:** ....

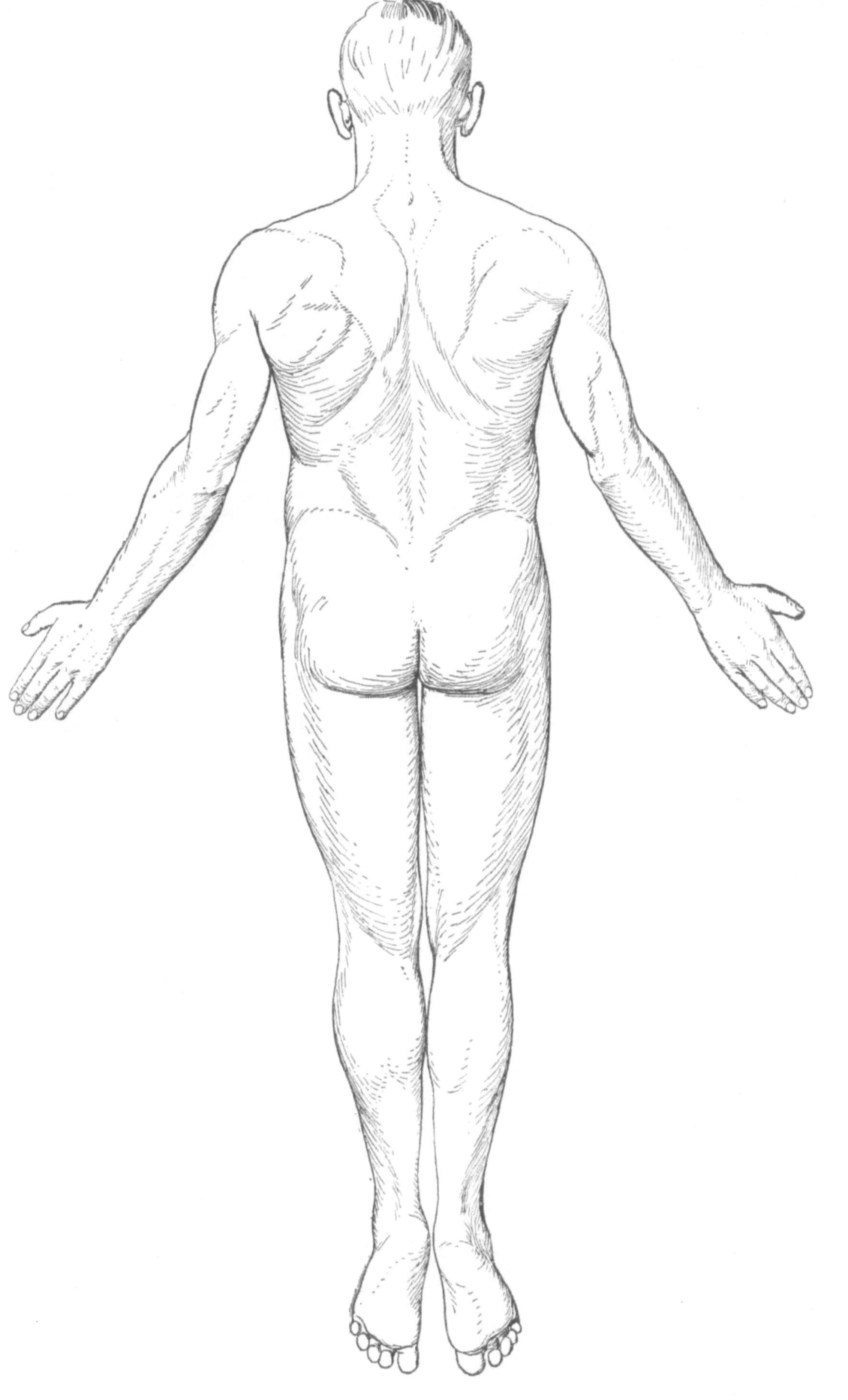

Name: .... Nr.: .... Datum: ....

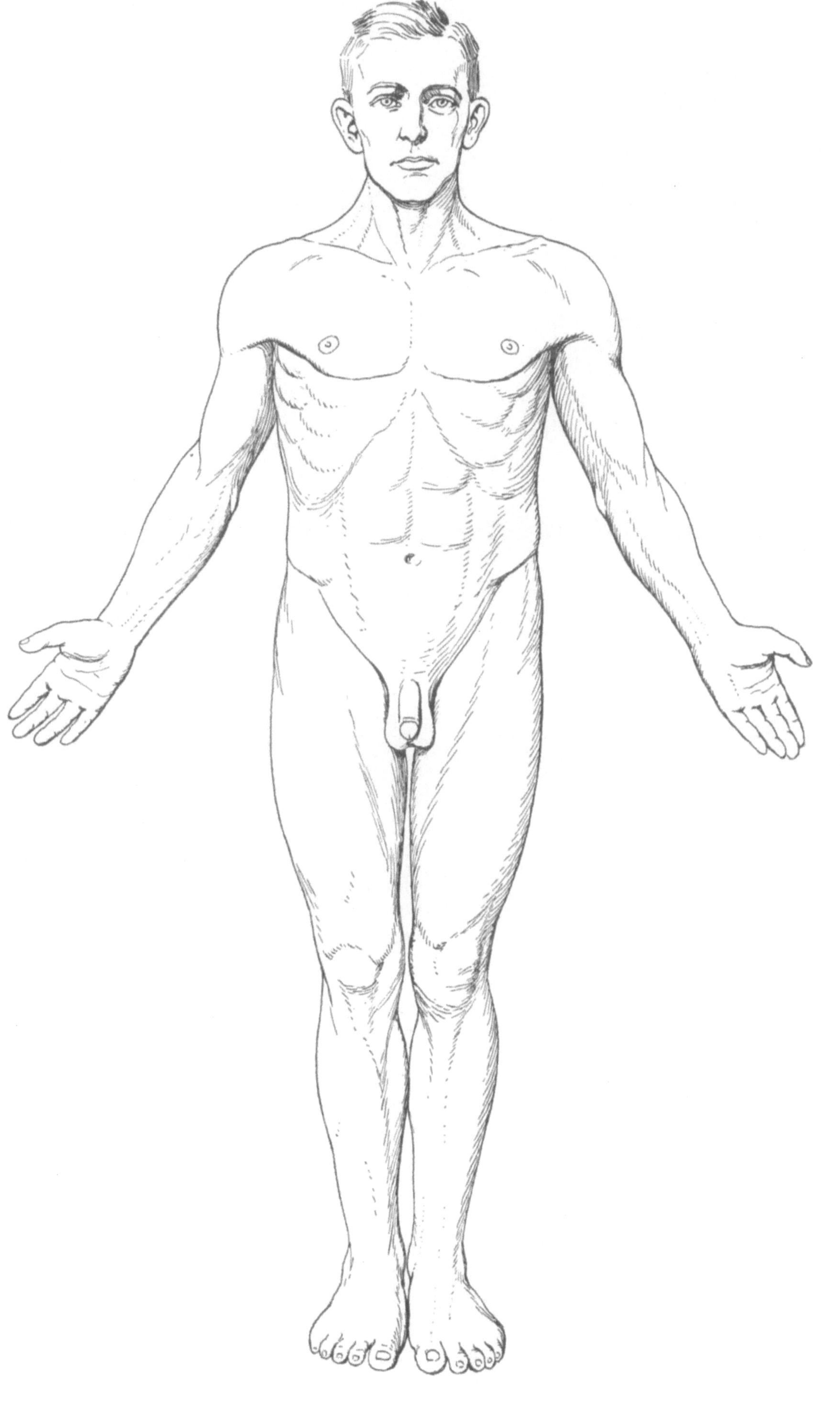

Name: .... **Nr.:** .... **Datum:** ....

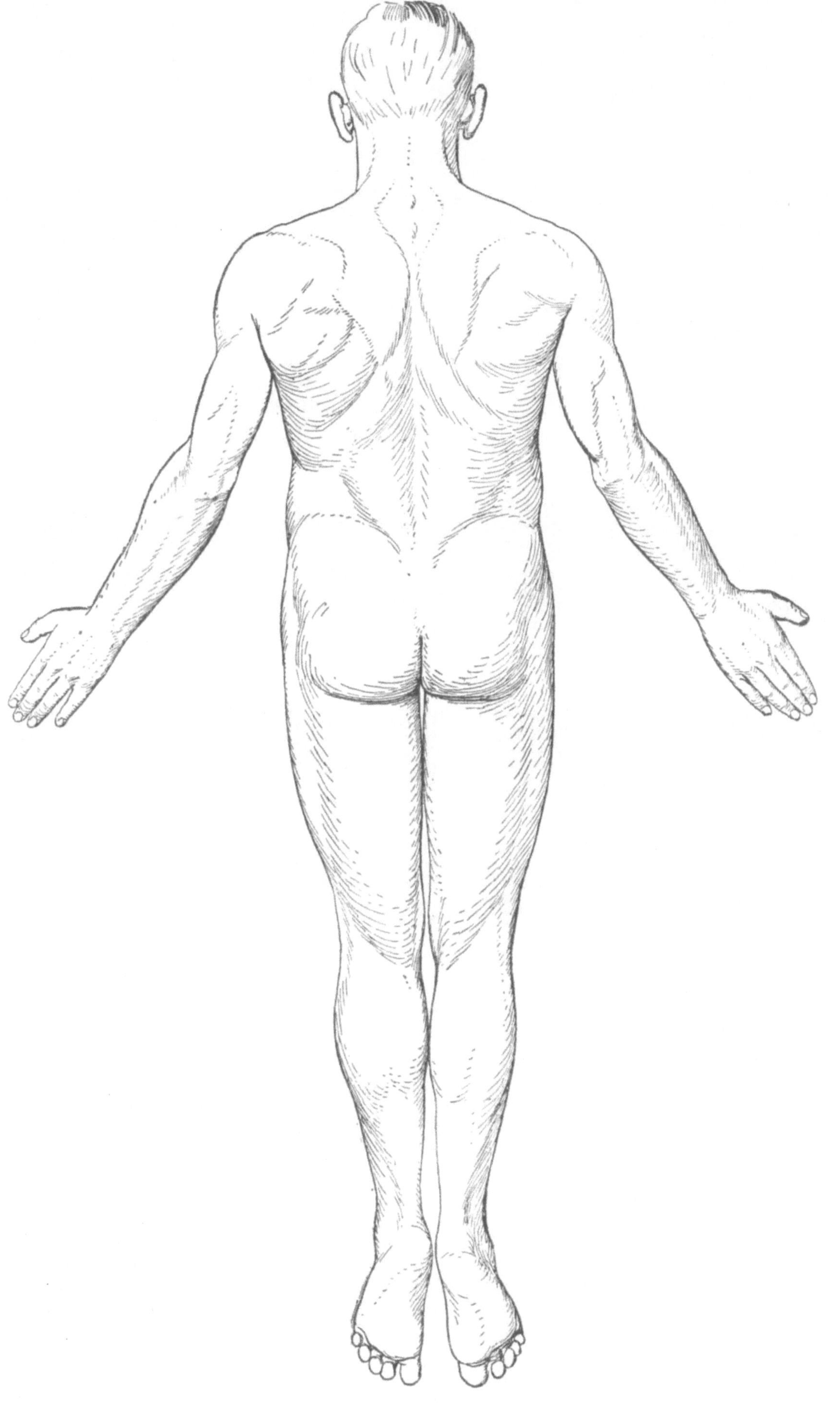

Name: .... Nr.: .... Datum: ....

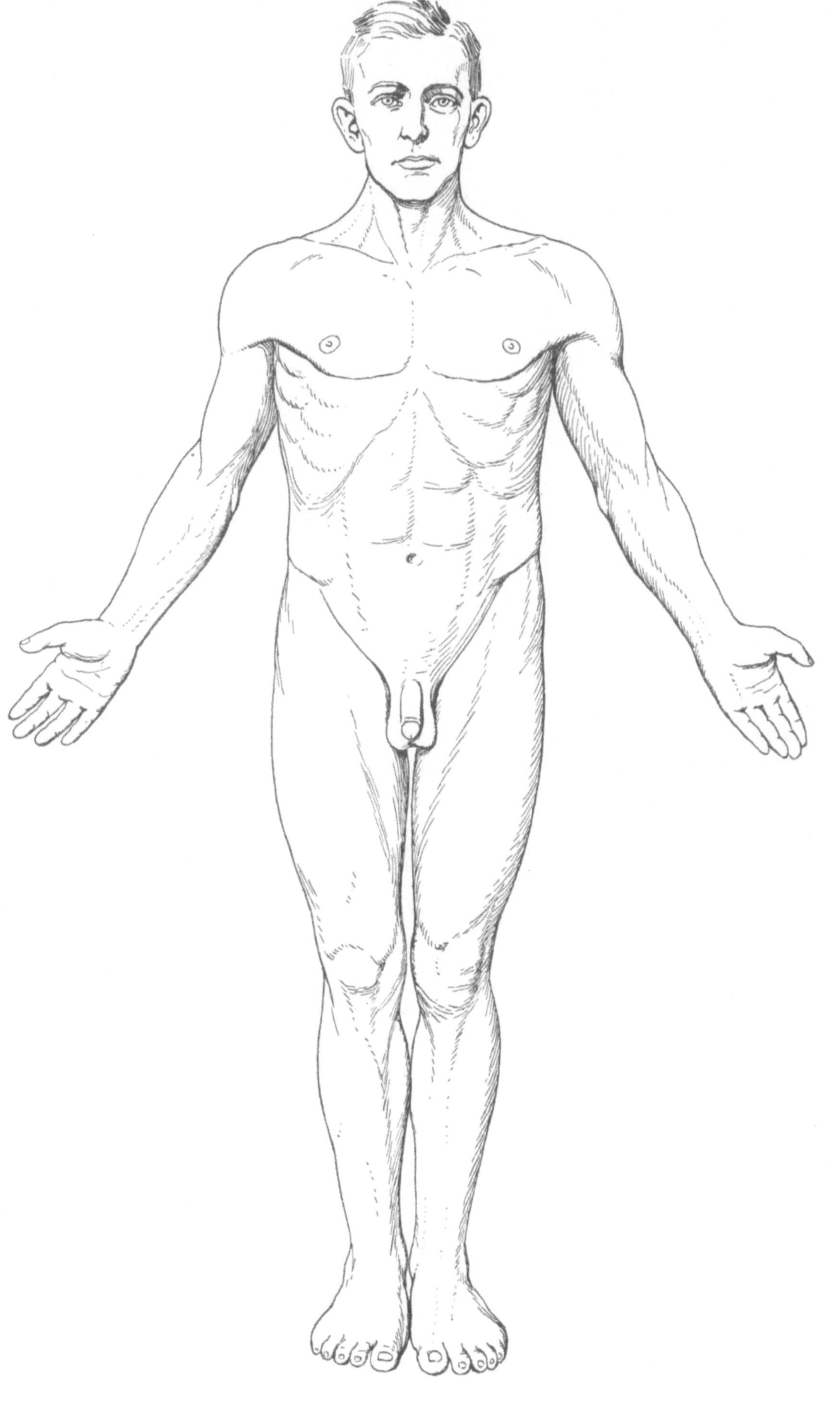

Name: .... Nr.: .... Datum: ....

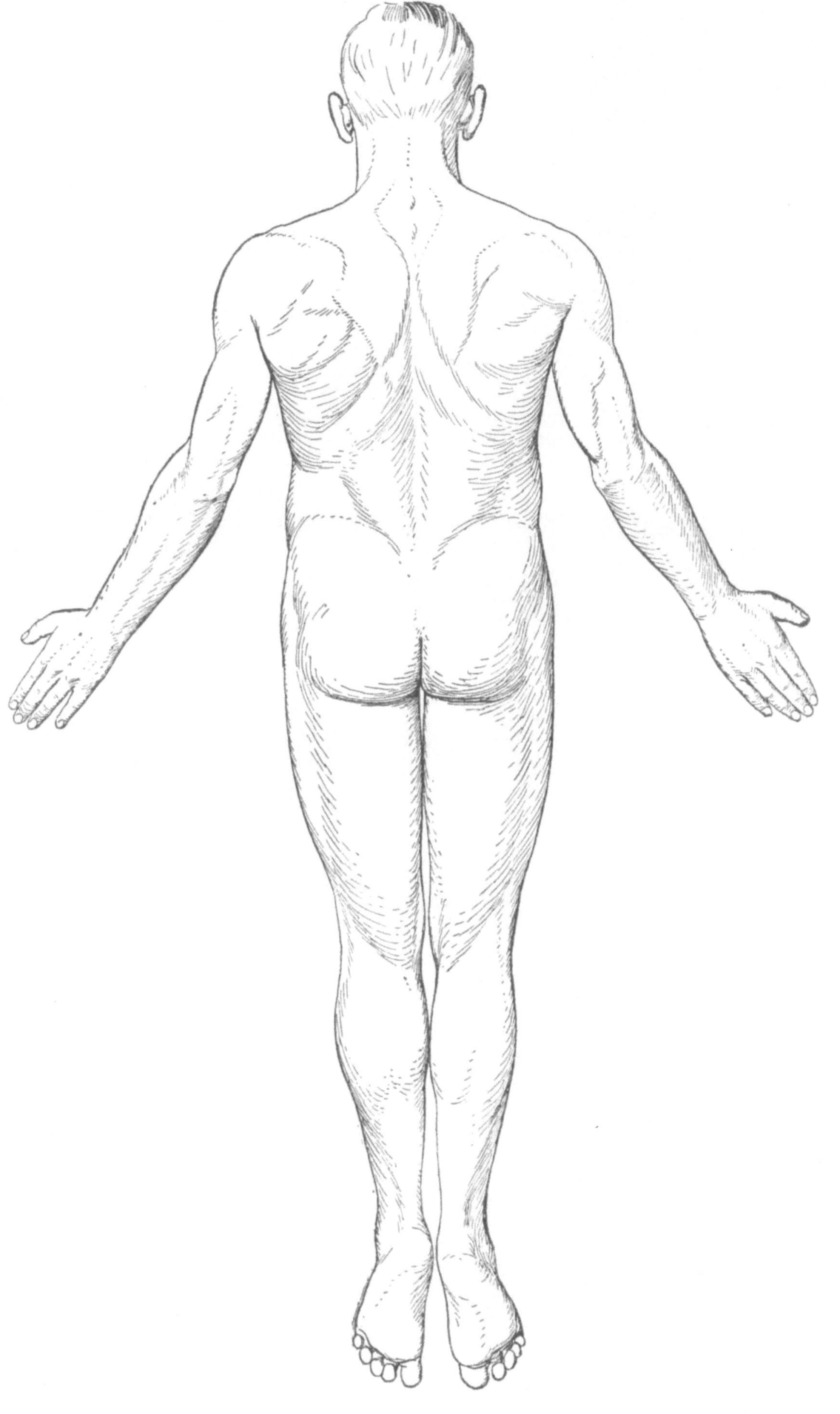

Name: .... Nr.: .... Datum: ....

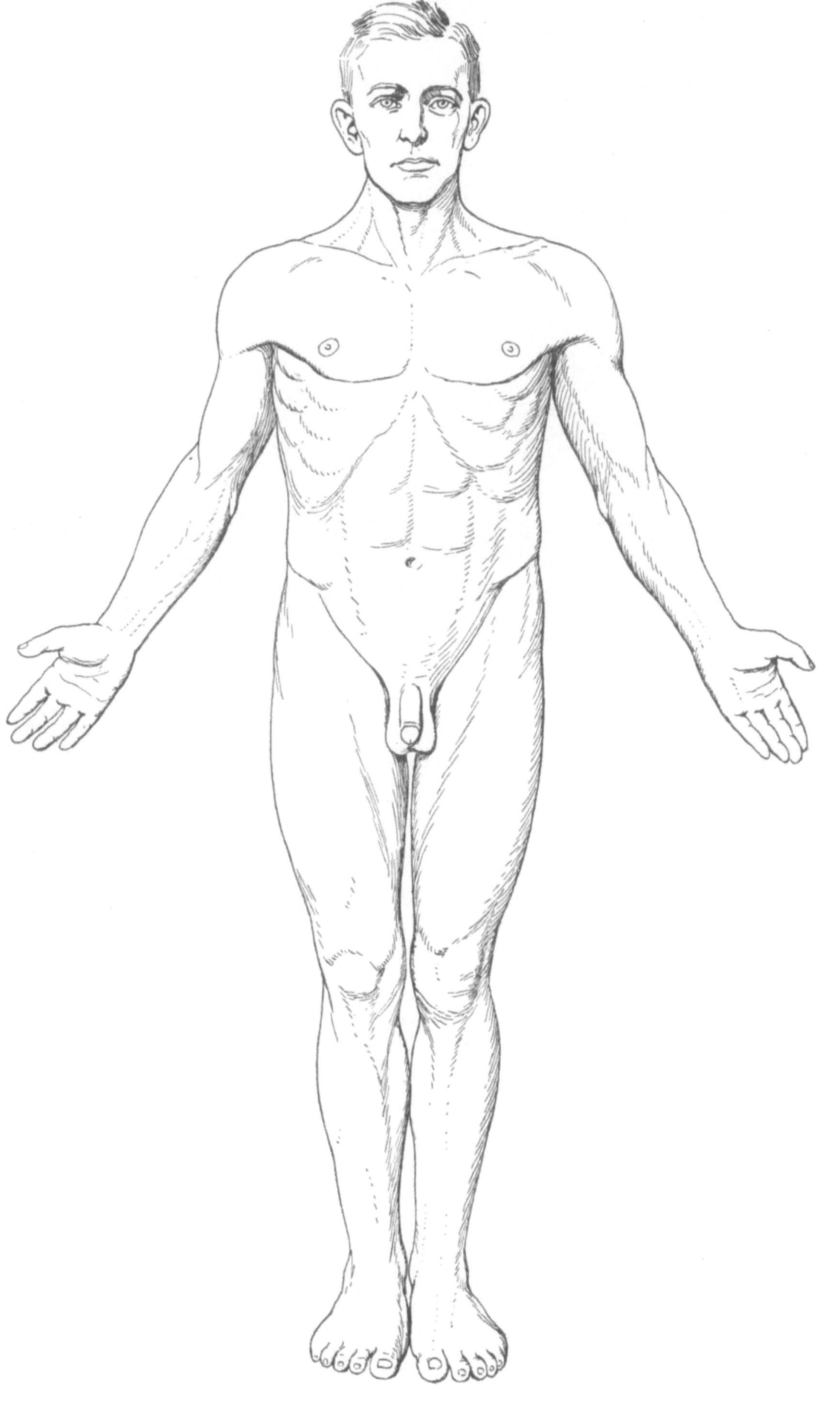

Name: .... **Nr.:** .... **Datum:** ....

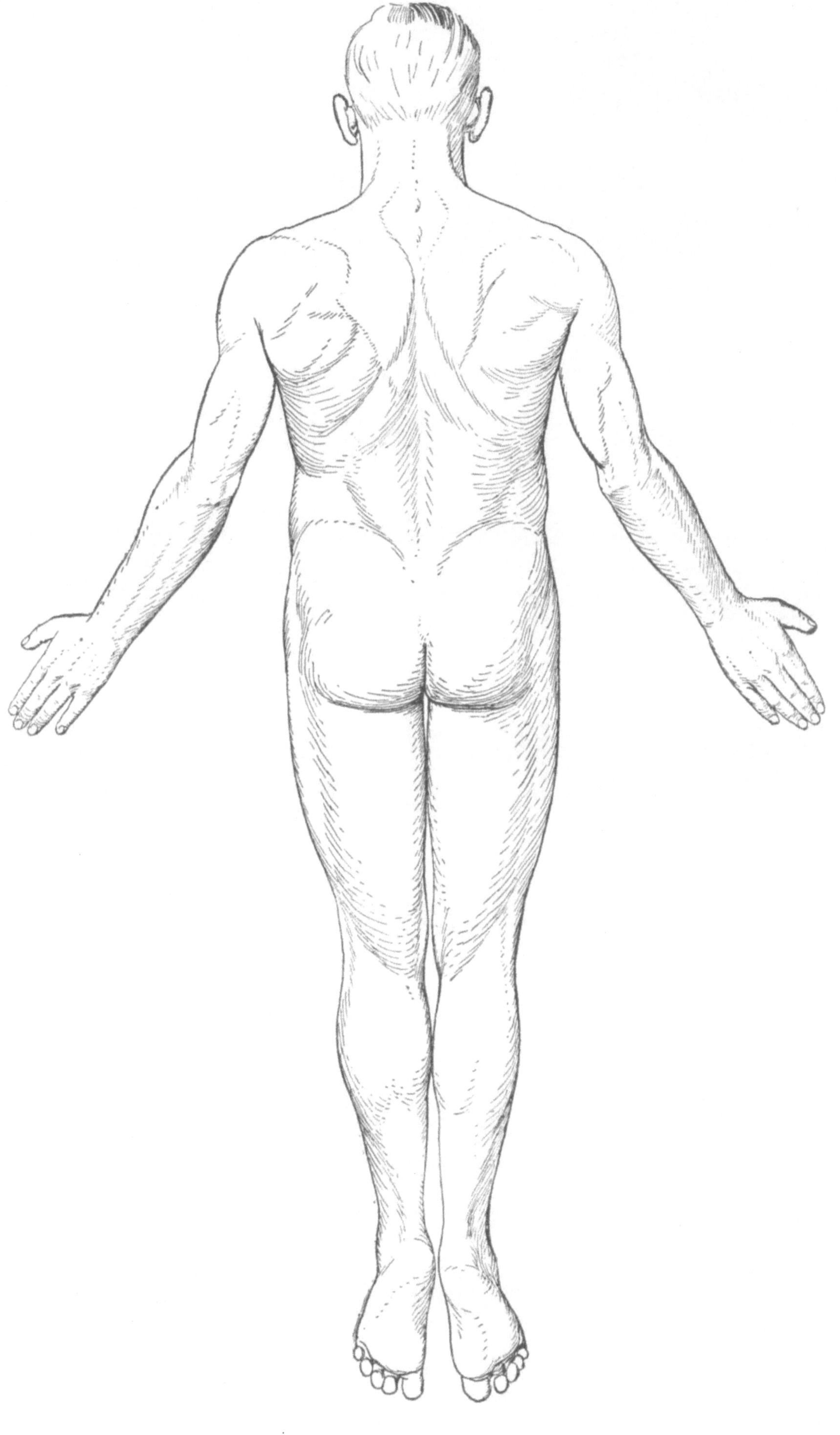

Name: .... Nr.: .... Datum: ....

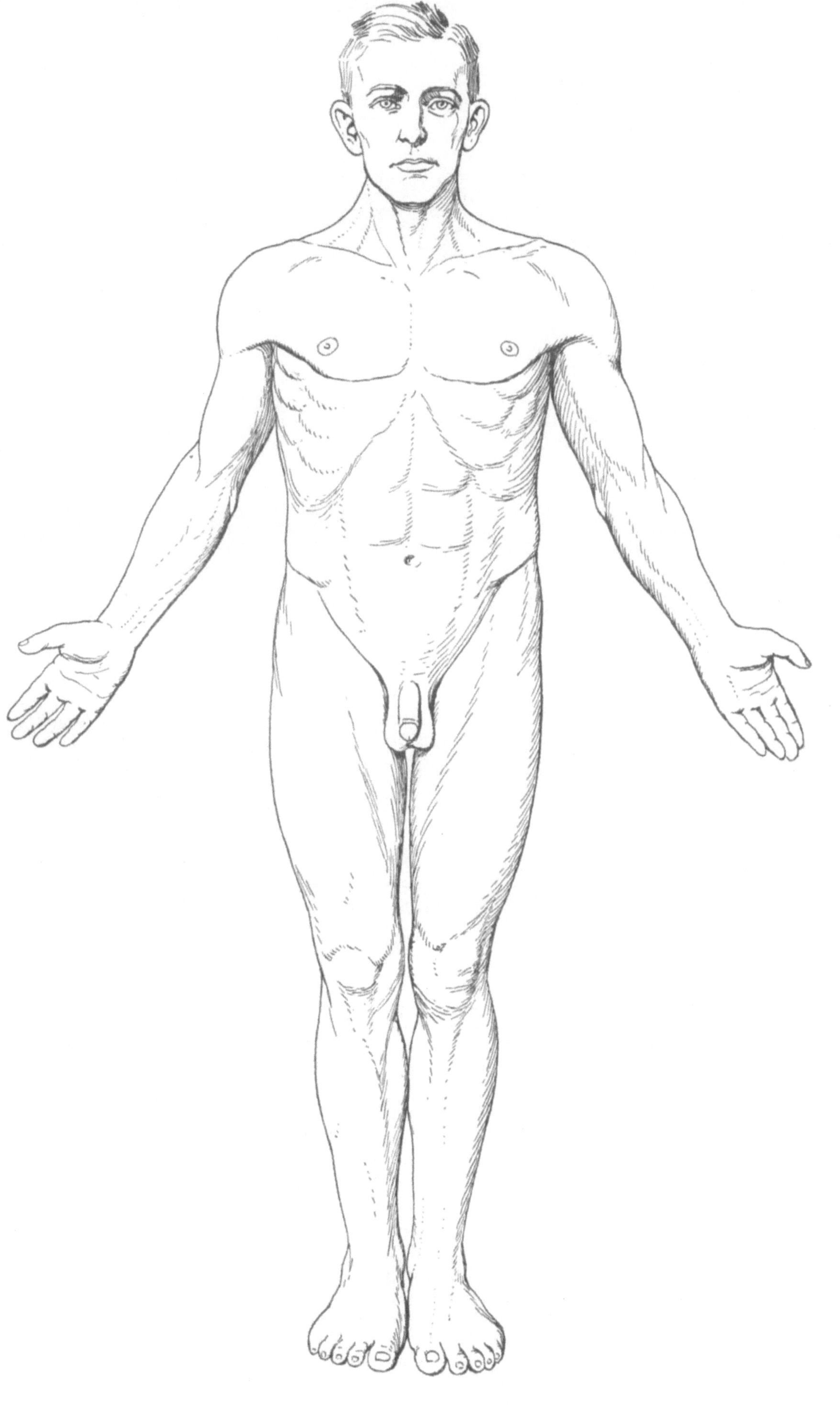

Name: .... **Nr.:** .... **Datum:** ....

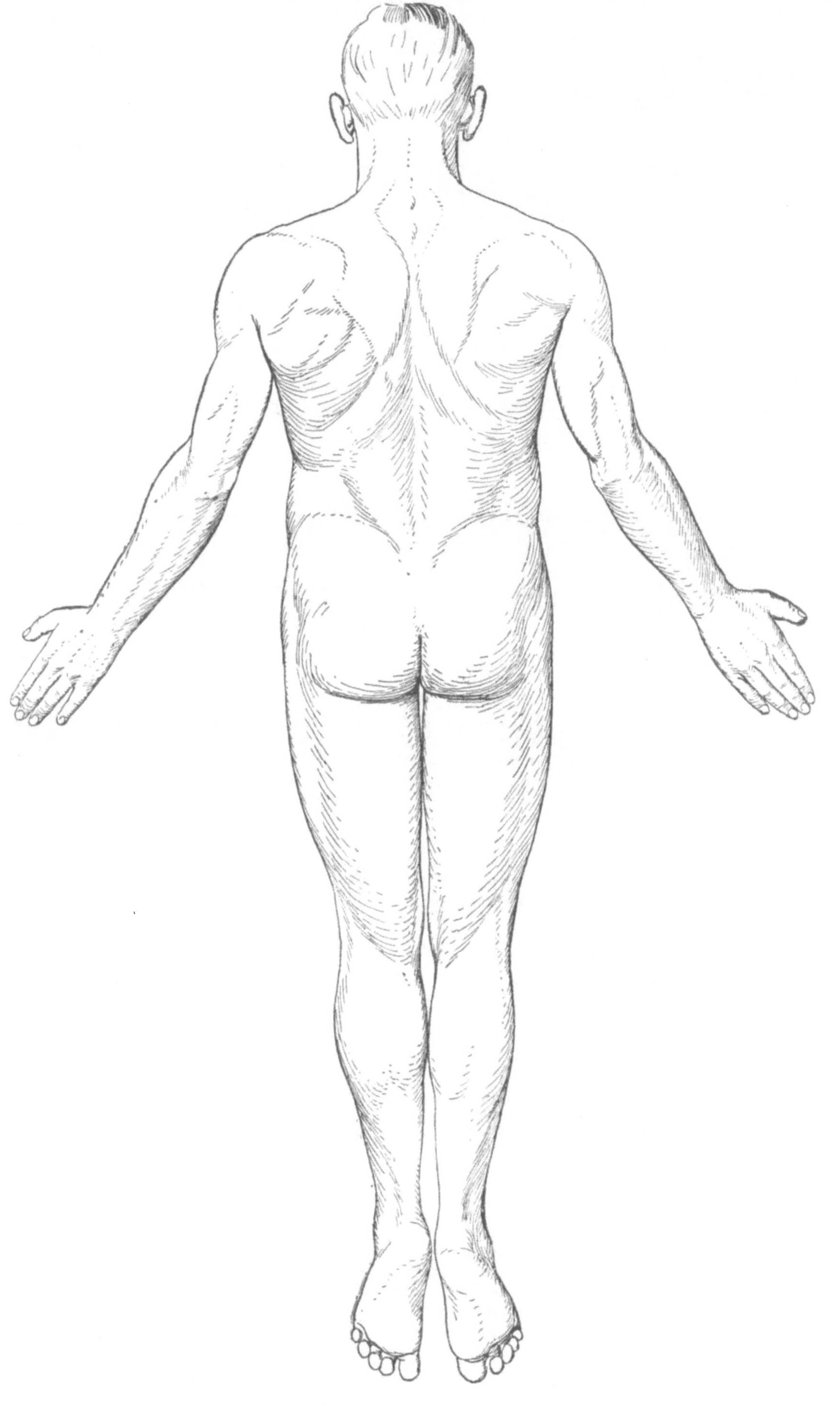

Name: .... Nr.: .... Datum: ....

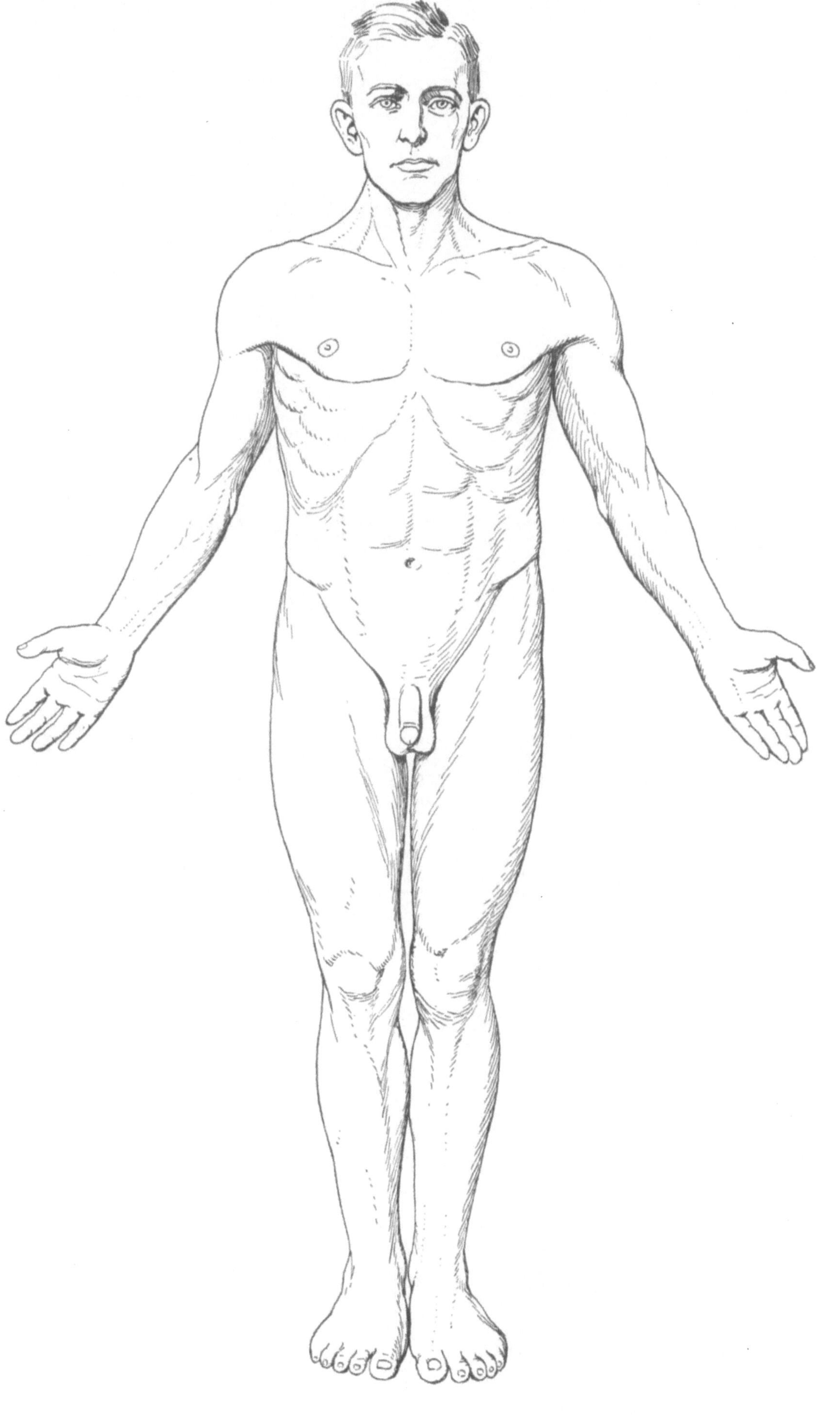

Name: .... **Nr.:** .... **Datum:** ....

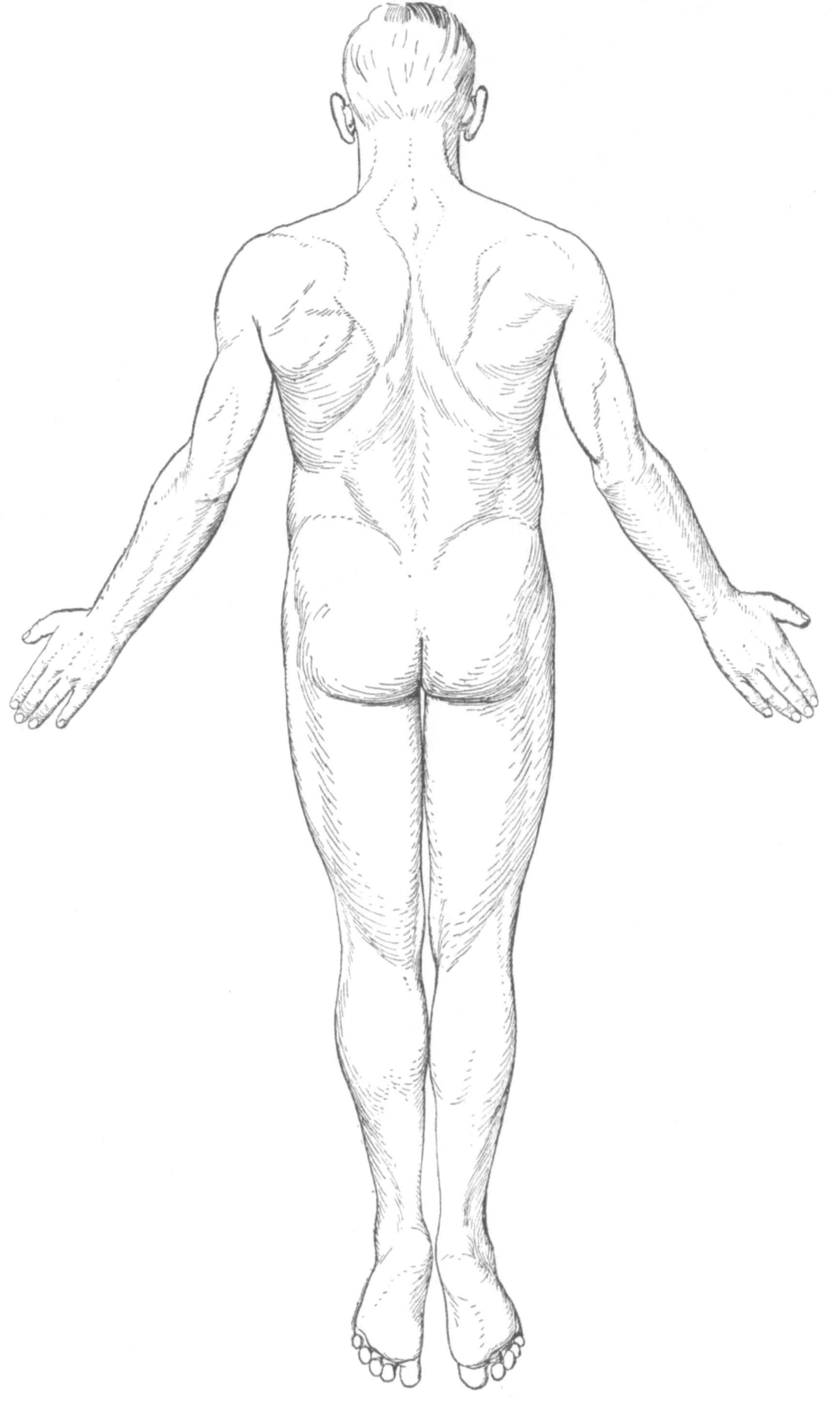

Name: ....

Nr.: ....

Datum: ....

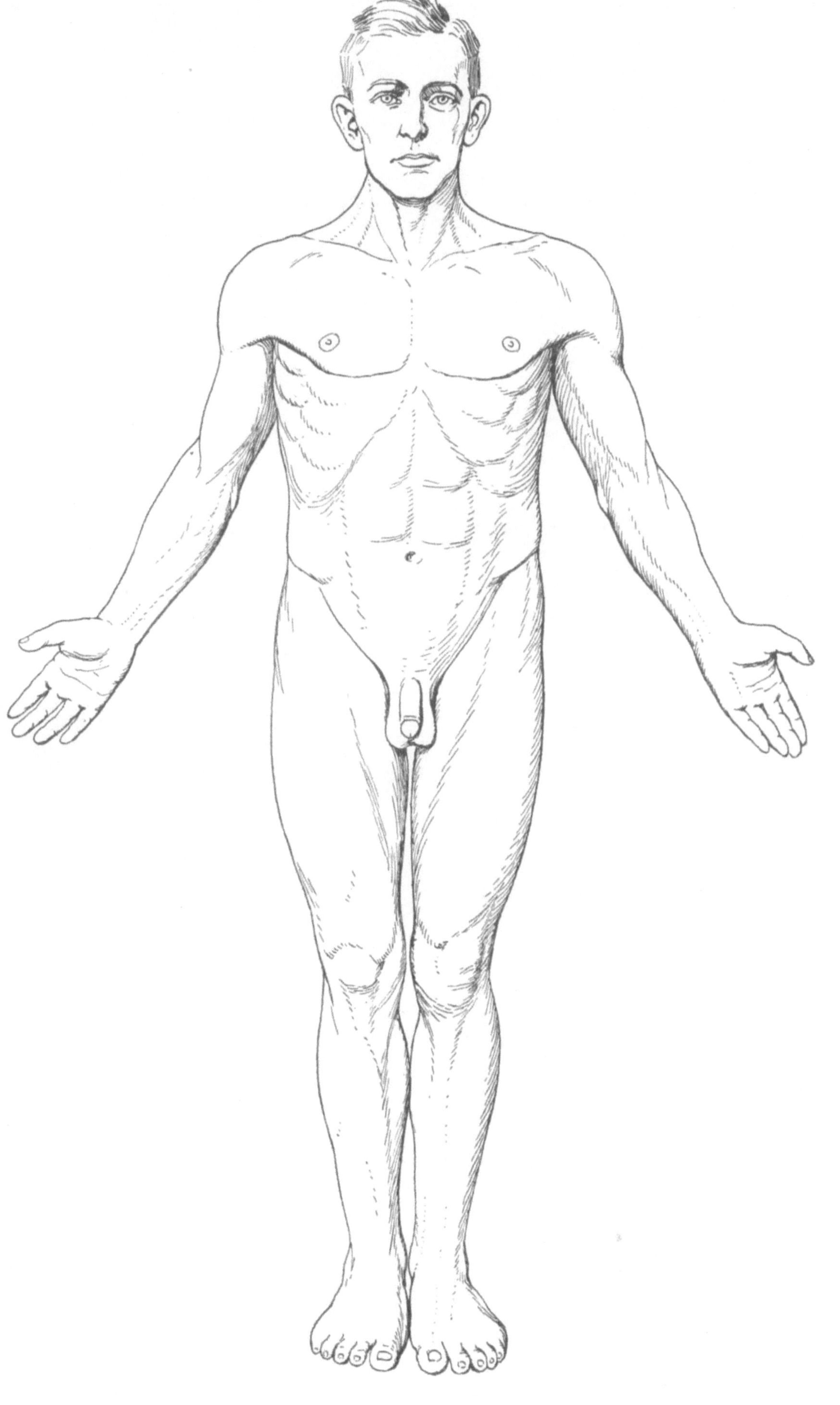

Name: .... Nr.: .... Datum: ....

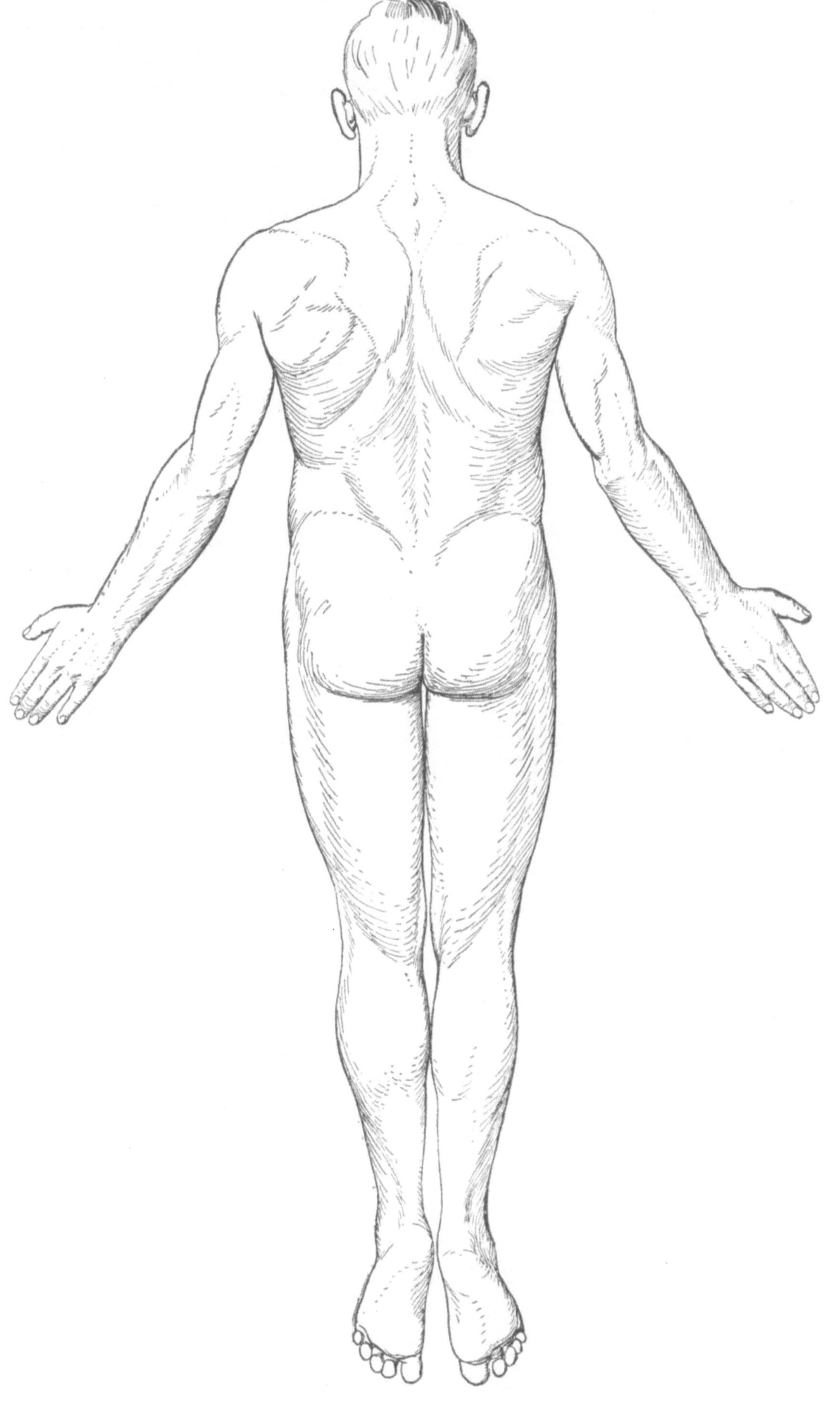

Name: .... Nr.: .... Datum: ....

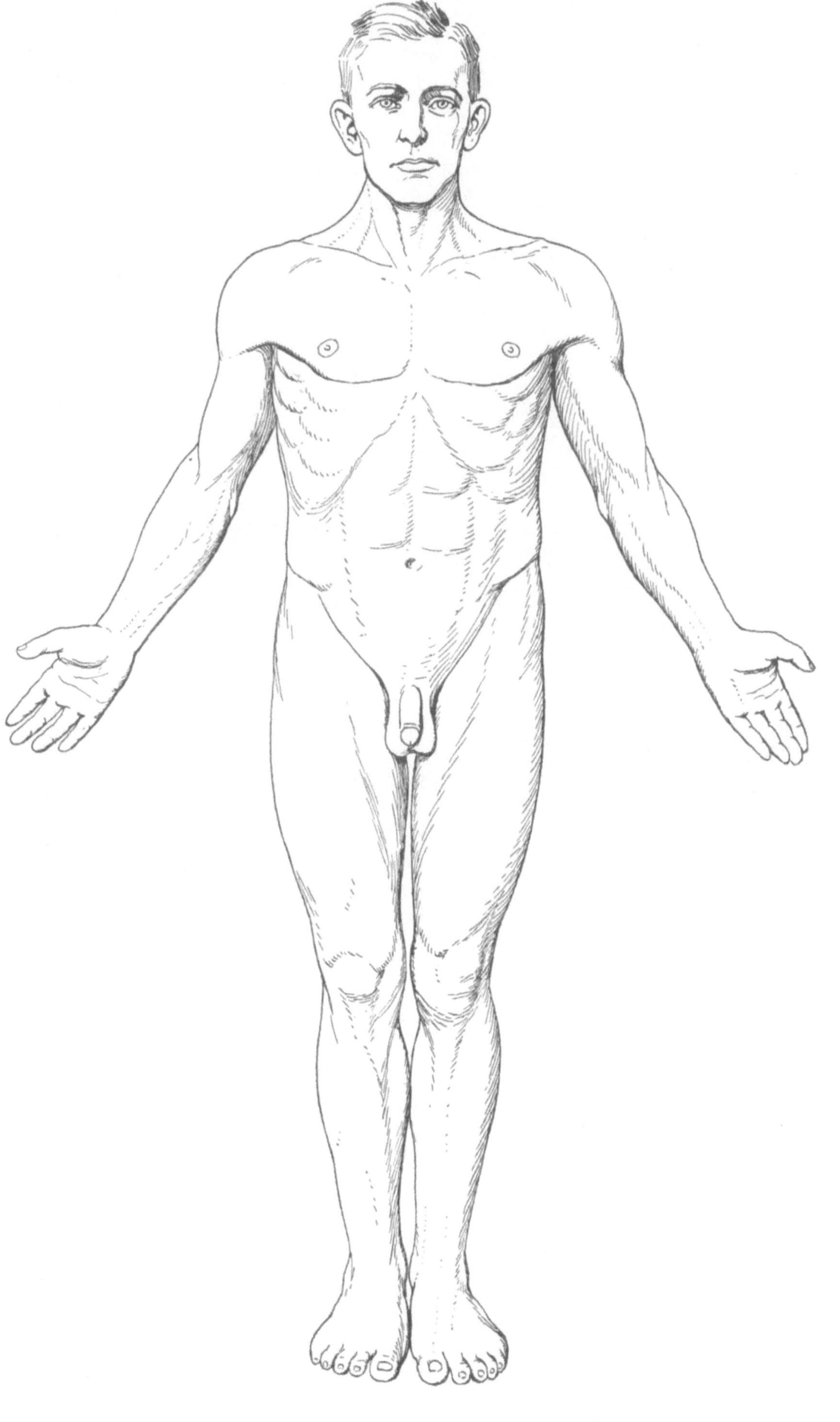

Name: .... **Nr.:** .... **Datum:** ....

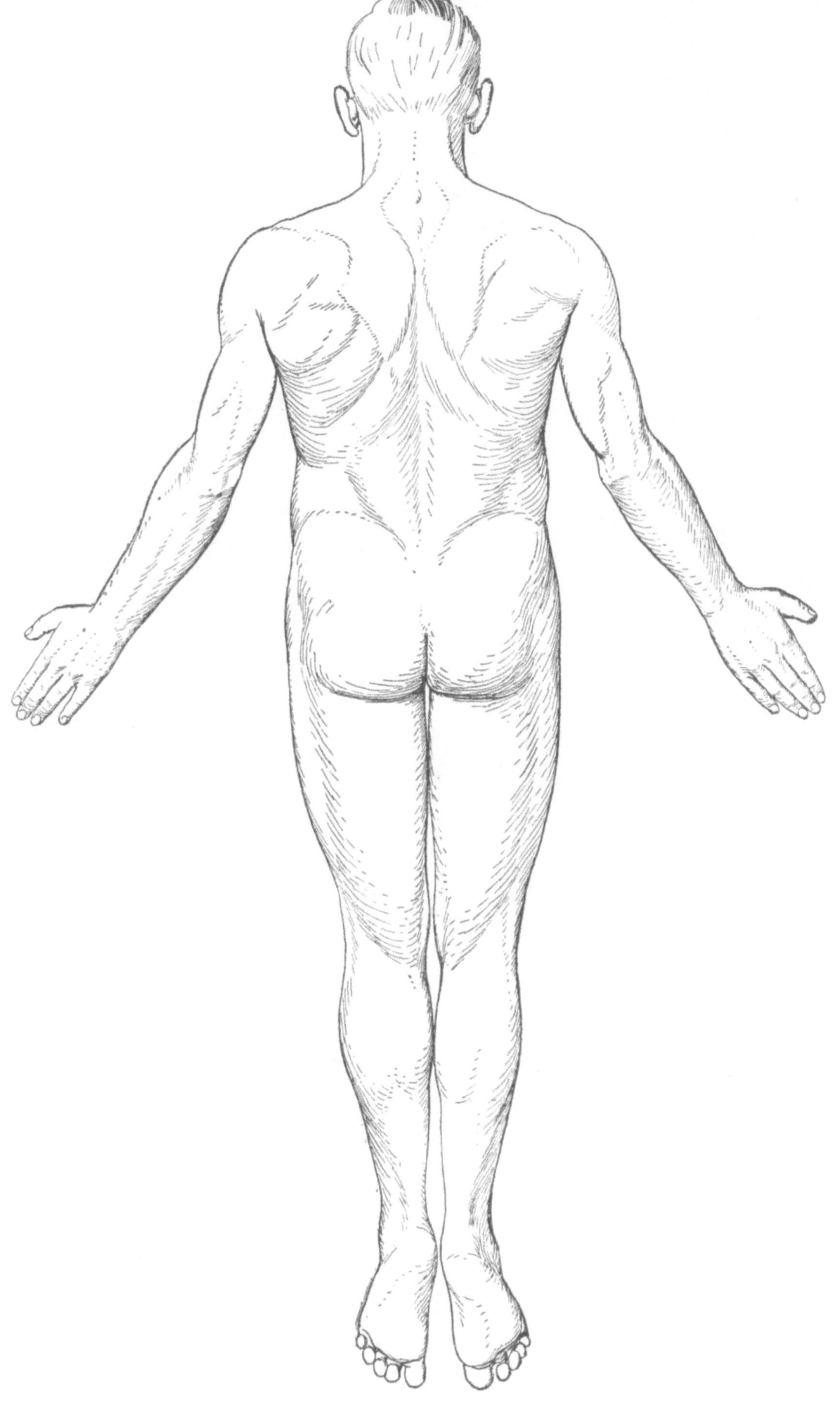

Name: .... Nr.: .... Datum: ....

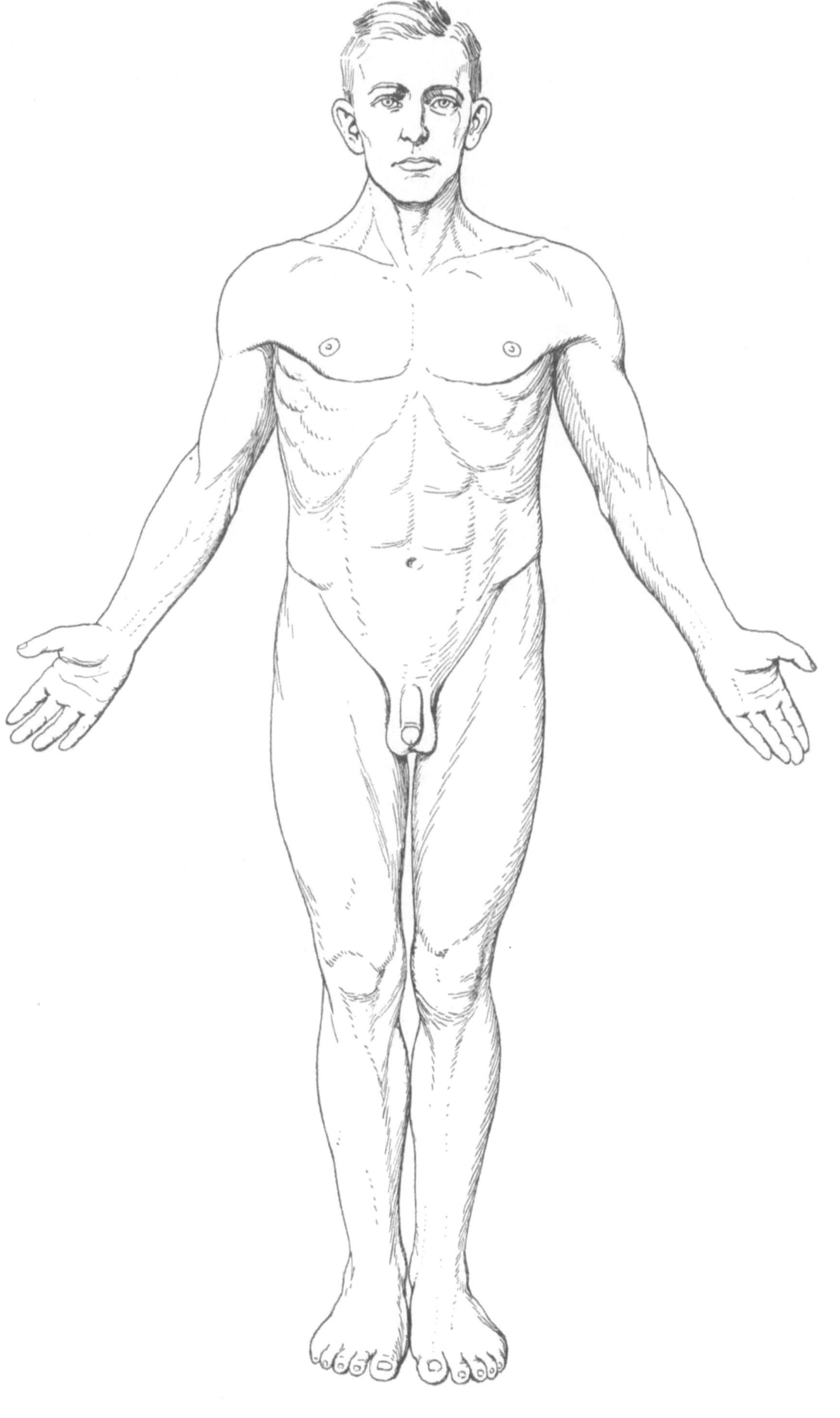

Name: .... Nr.: .... Datum: ....

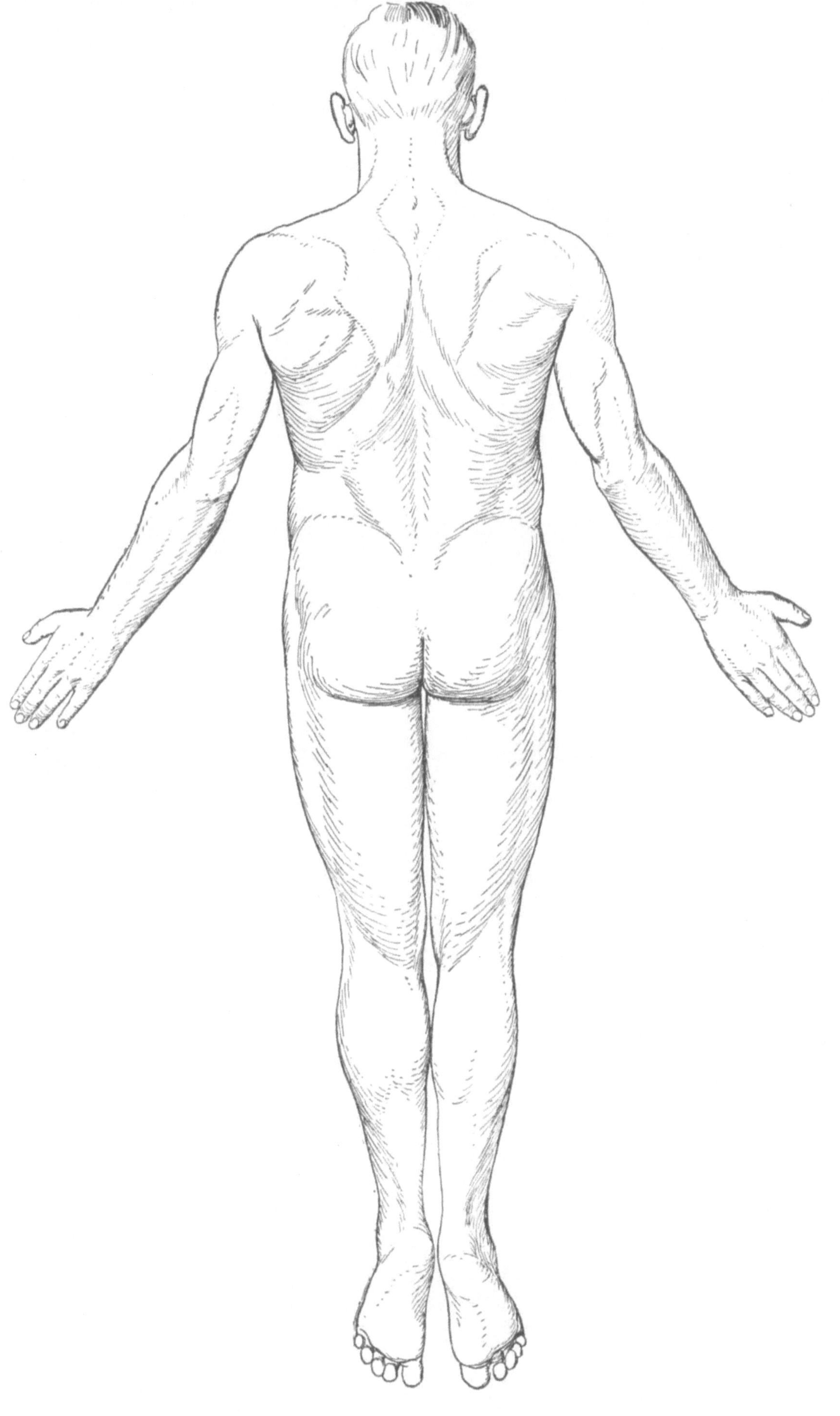

Name: .... Nr.: .... Datum: ....

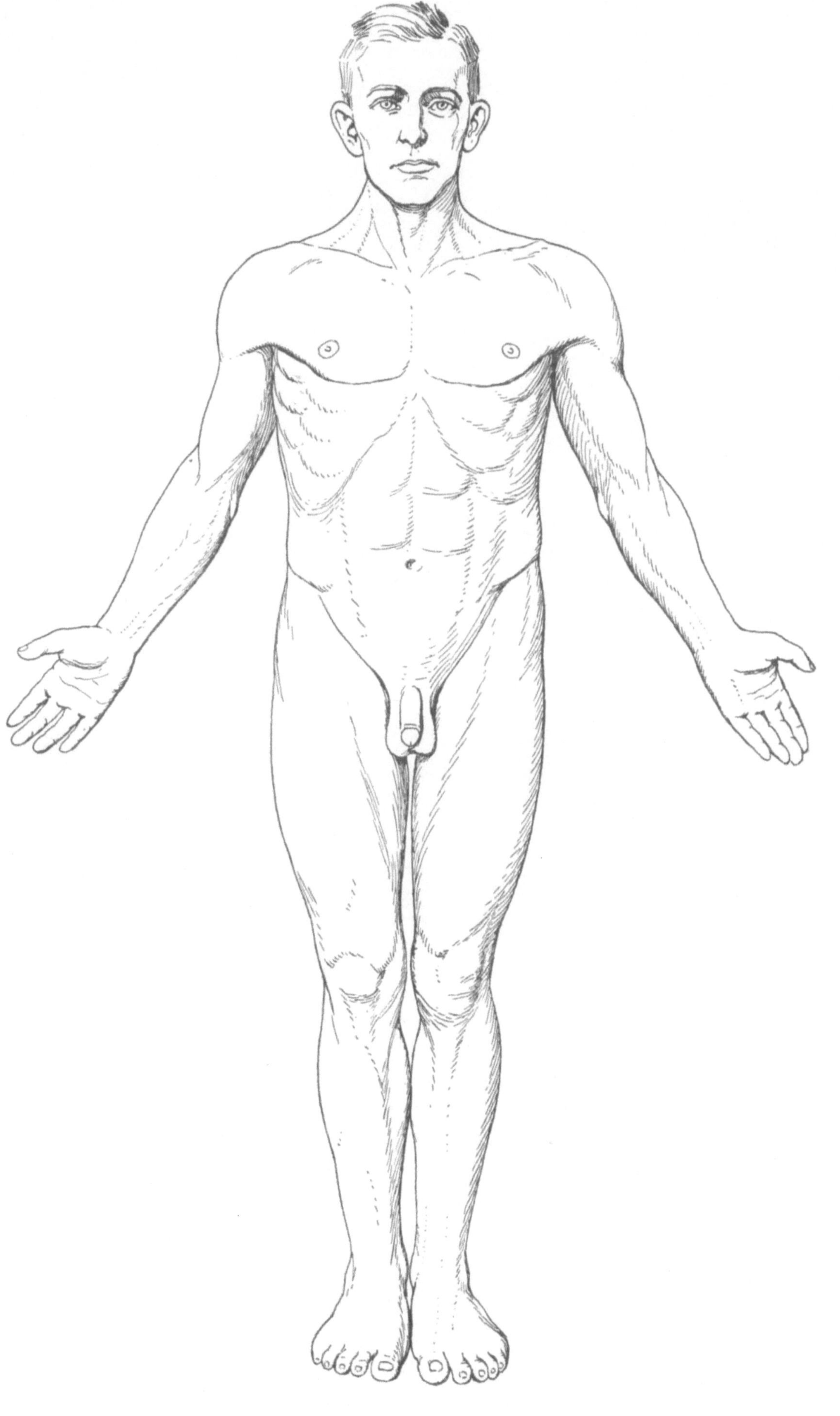

Name: .... Nr.: .... Datum: ....

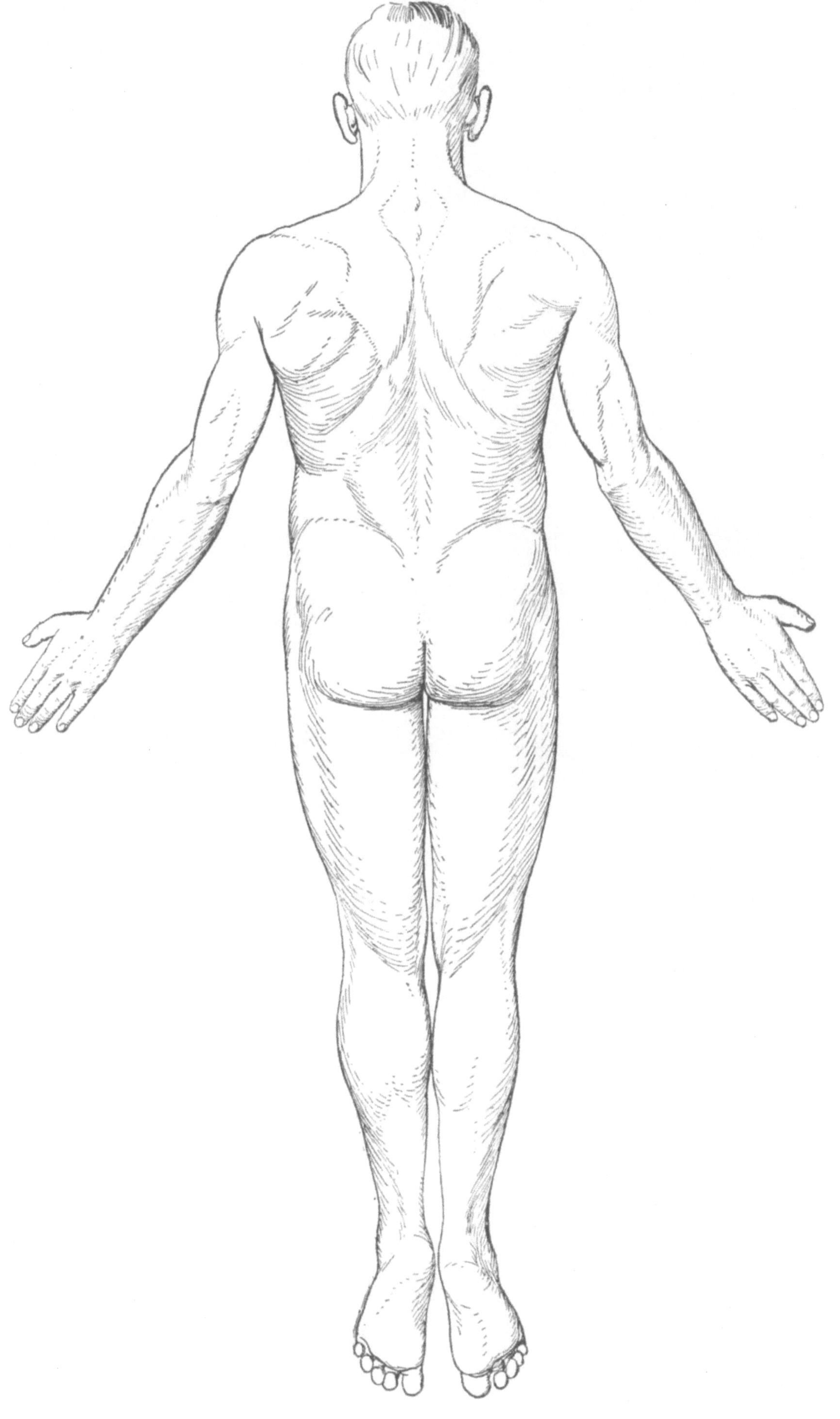

Name: .... Nr.: .... Datum: ....

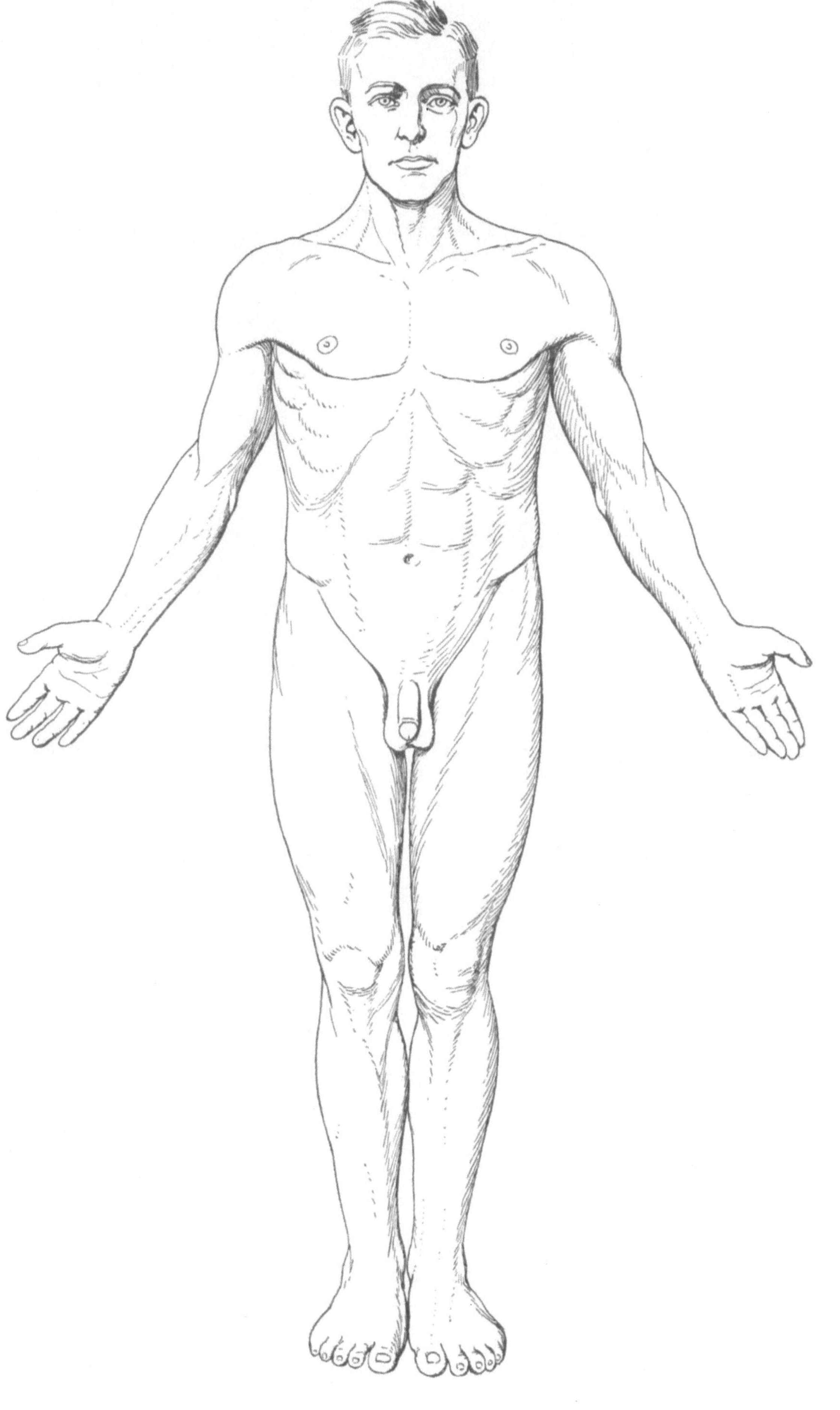

Name: .... Nr.: .... Datum: ....

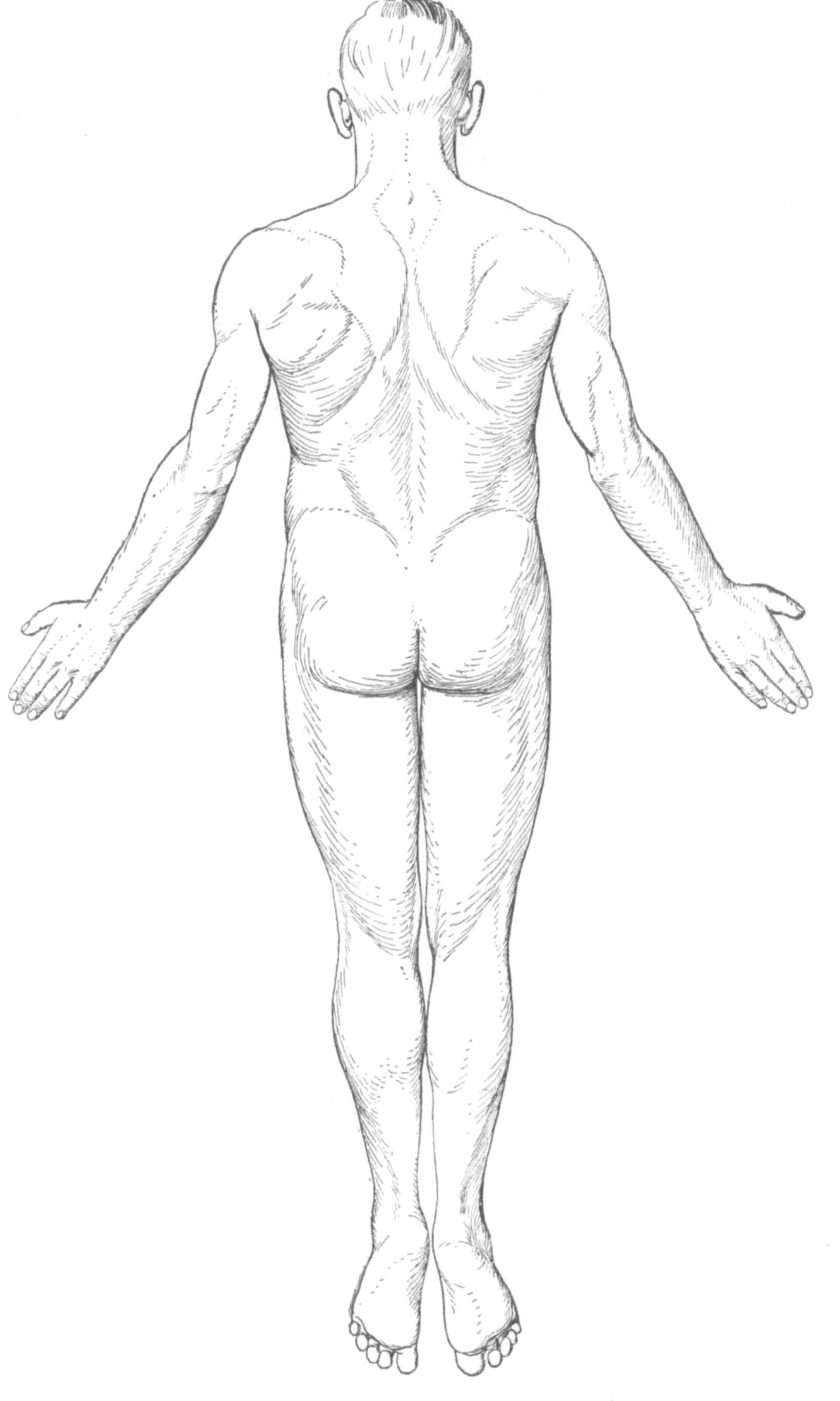

Name: .... Nr.: .... Datum: ....

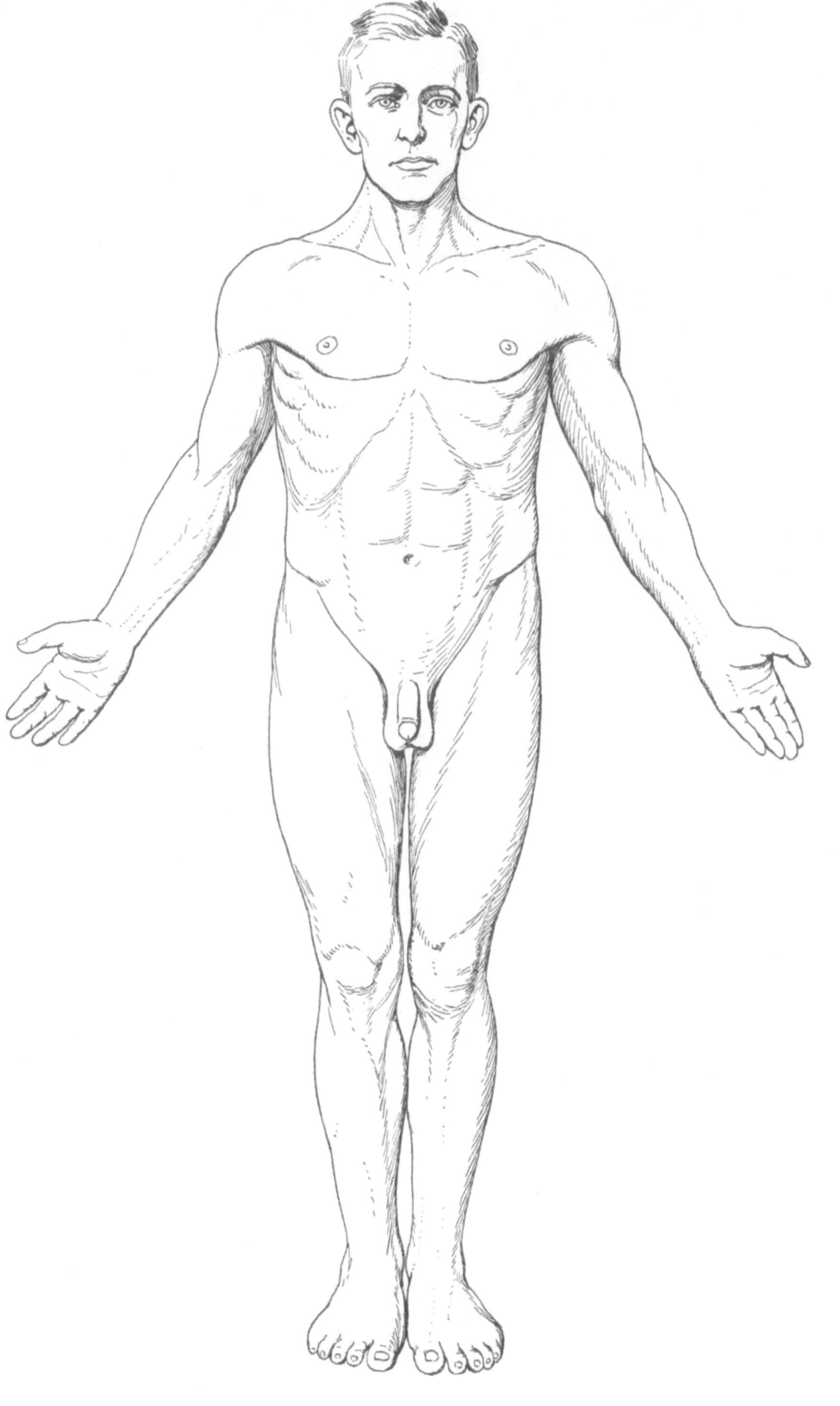

Name: .... Nr.: .... Datum: ....

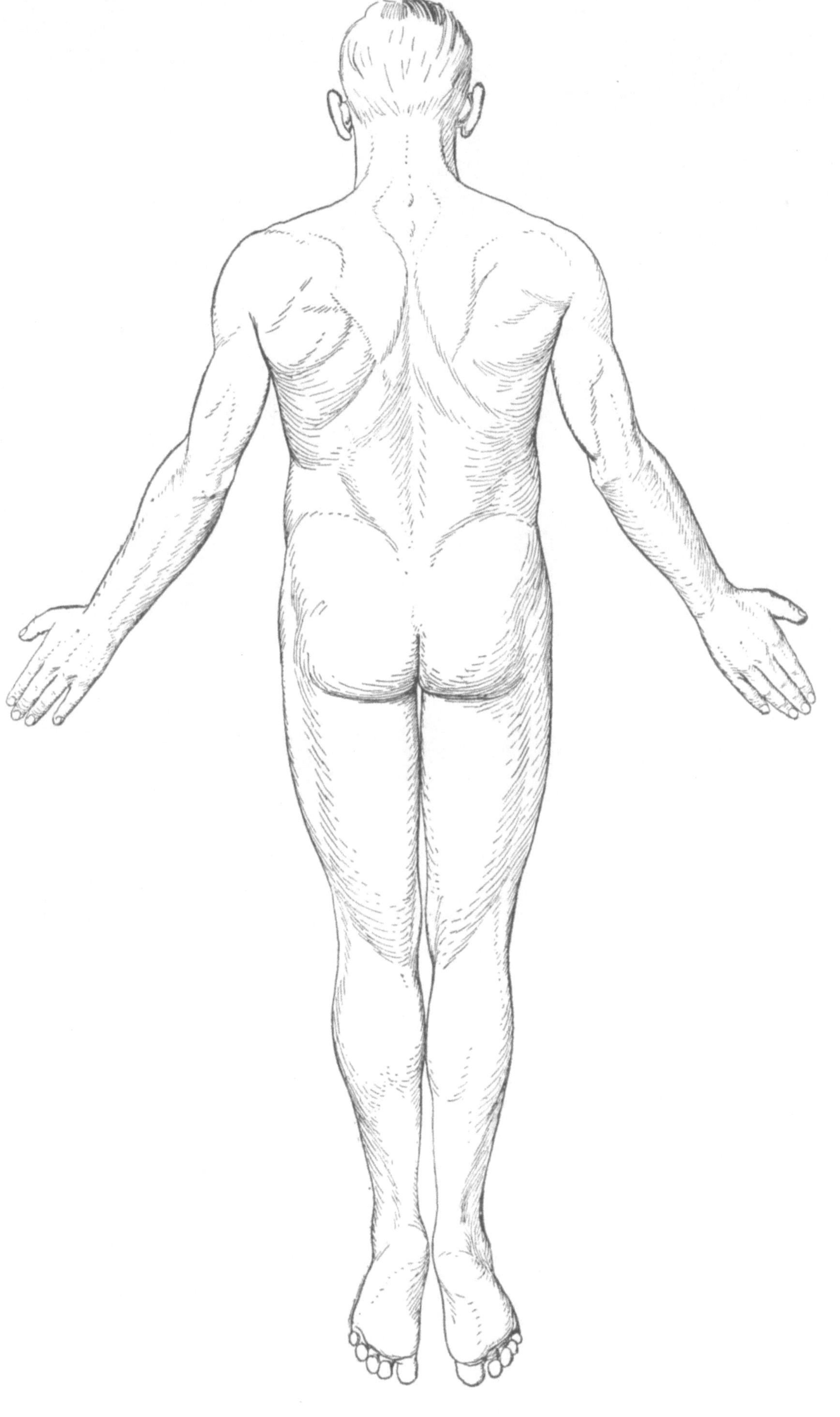

Name: .... Nr.: .... Datum: ....

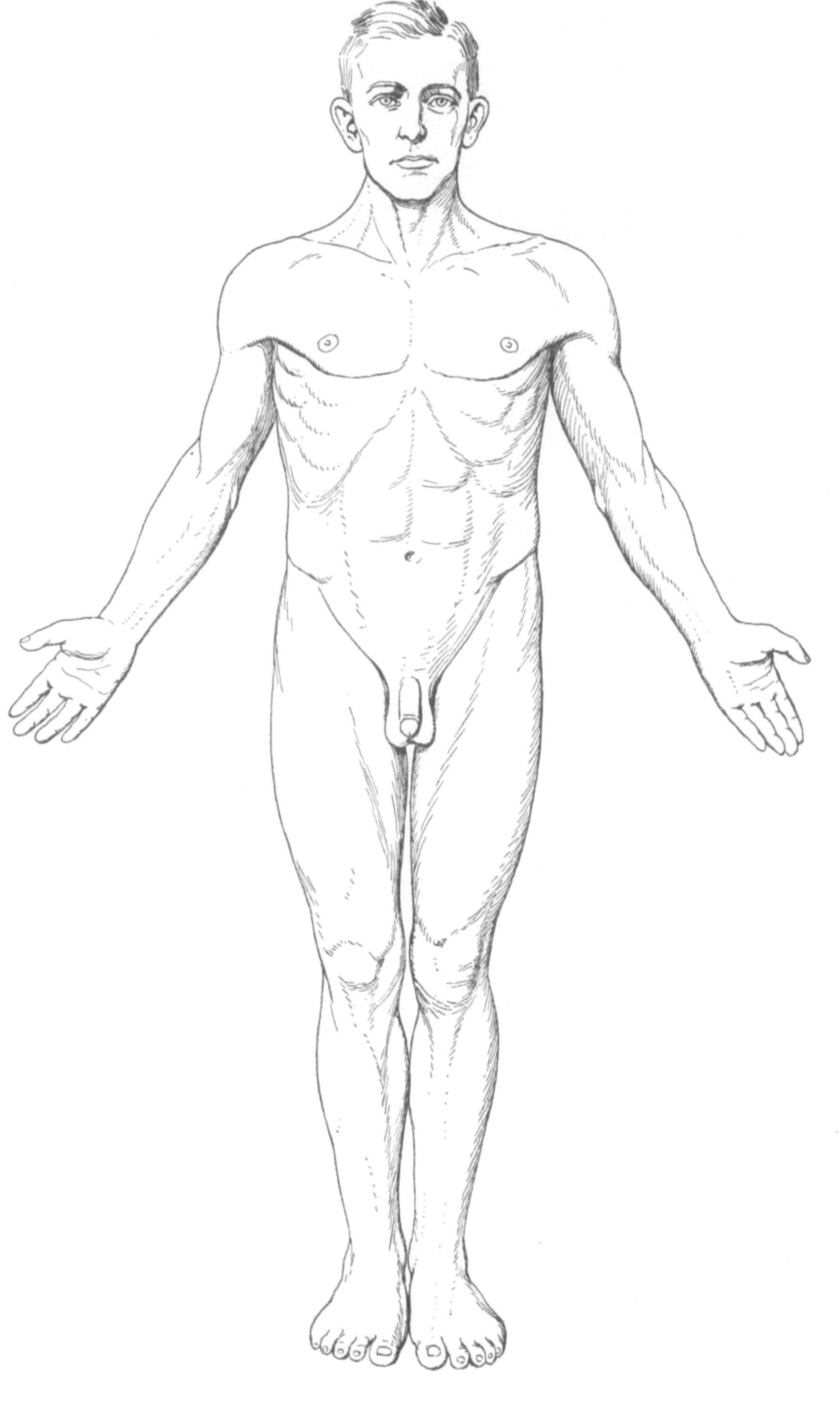

Name: .... Nr.: .... Datum: ....

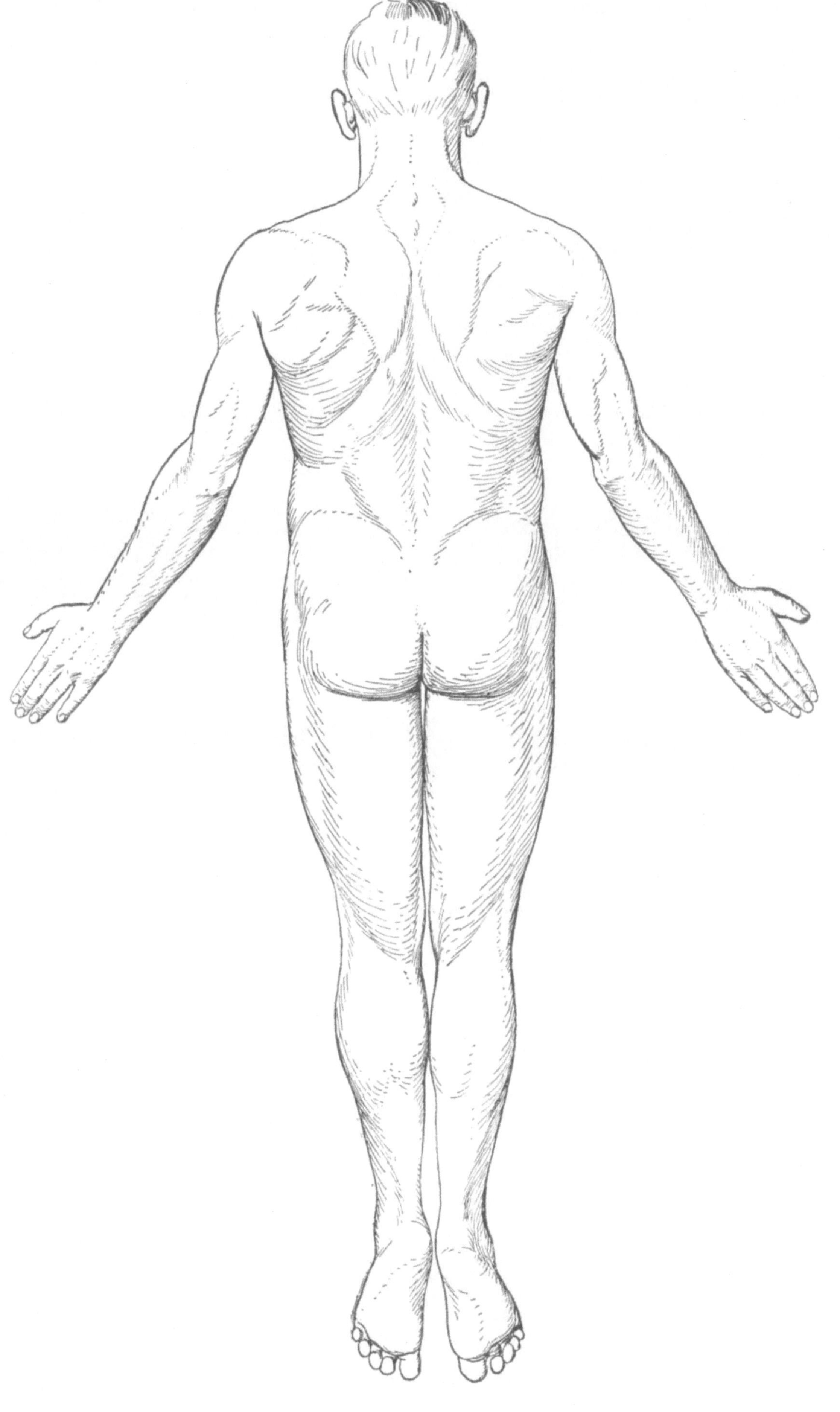

Name: .... Nr.: .... Datum: ....

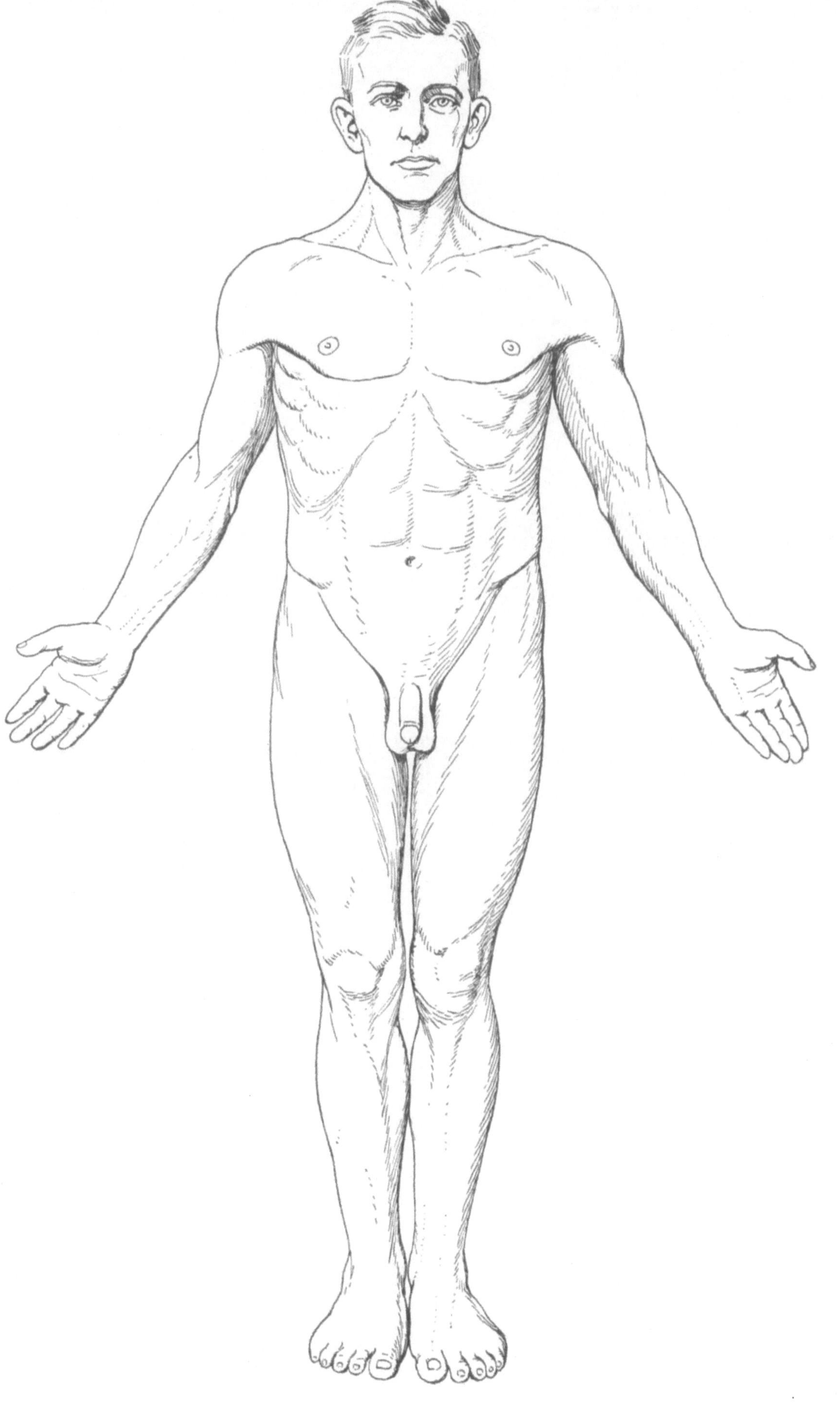

Name: .... Nr.: .... Datum: ....

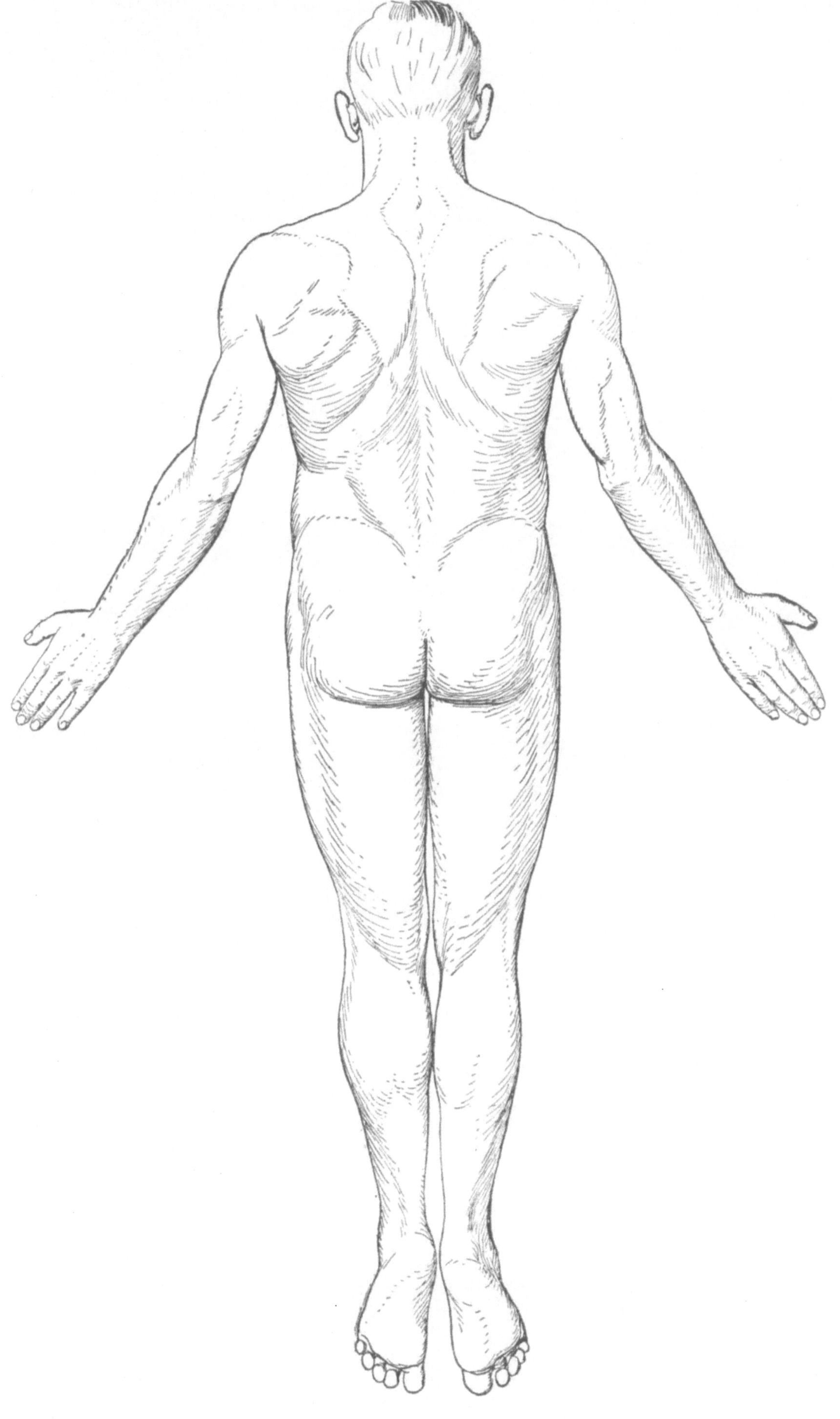

Name: .... Nr.: .... Datum: ....

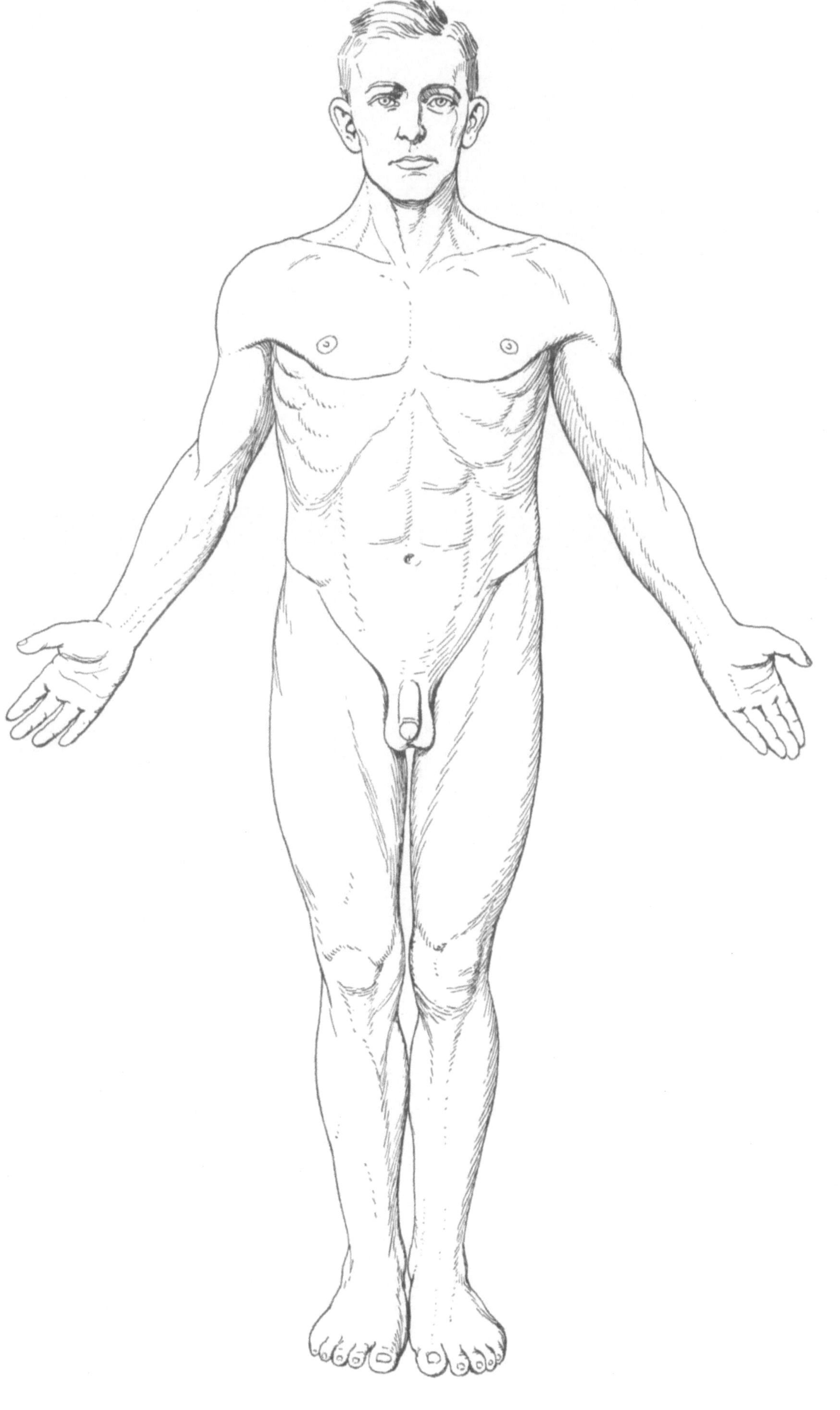

Name: .... Nr.: .... Datum: ....

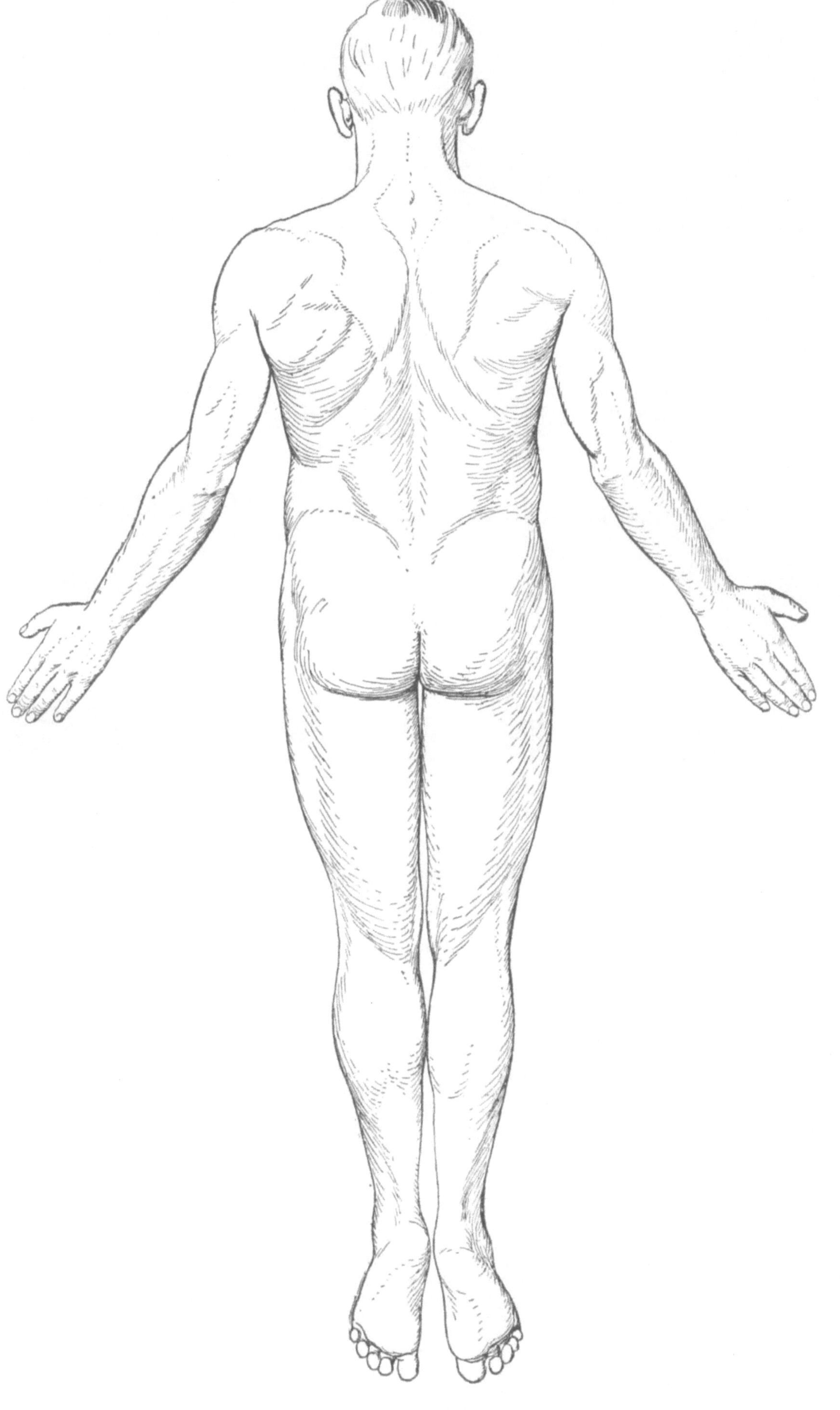

Name: .... Nr.: .... Datum: ....

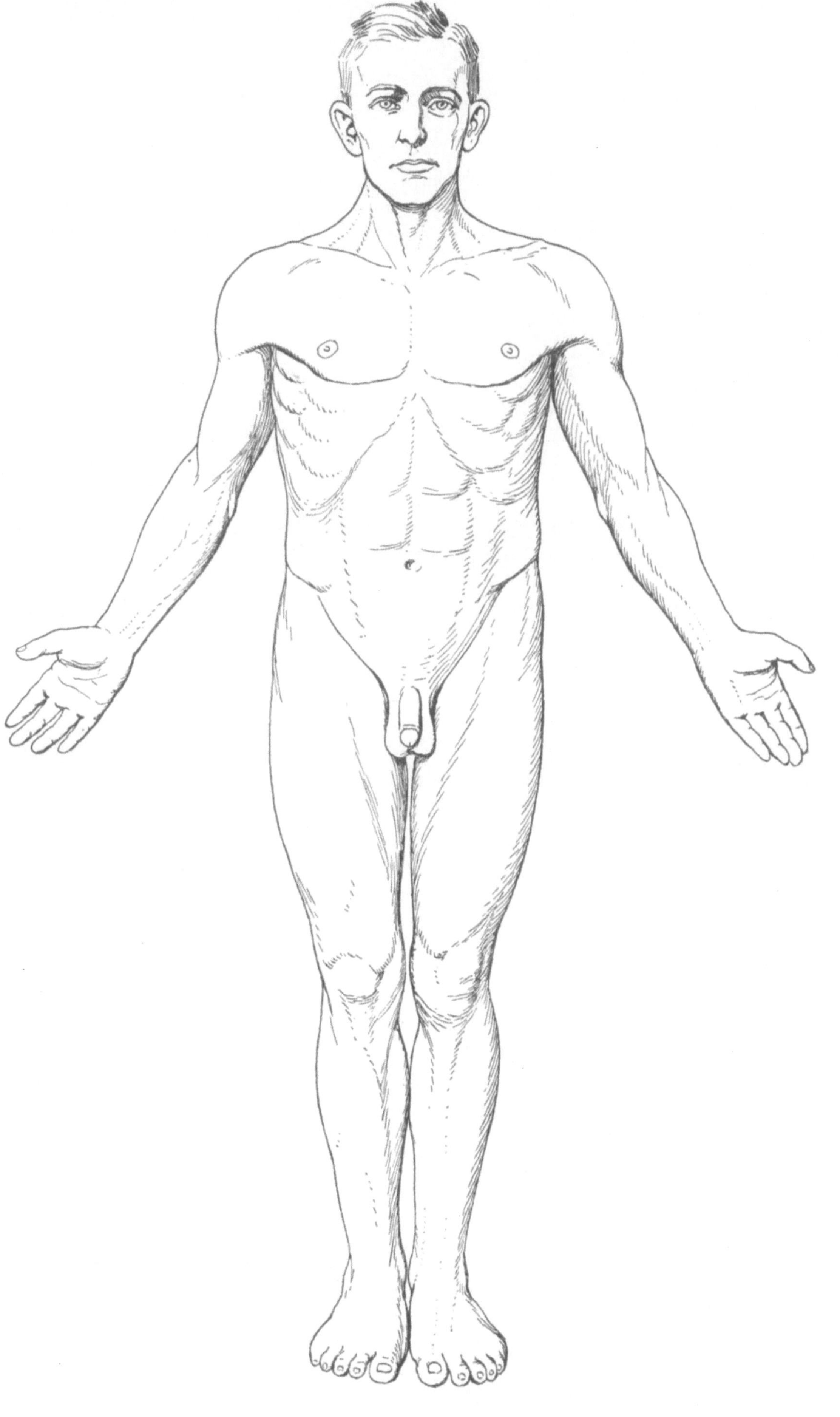

Name: .... **Nr.:** .... **Datum:** ....

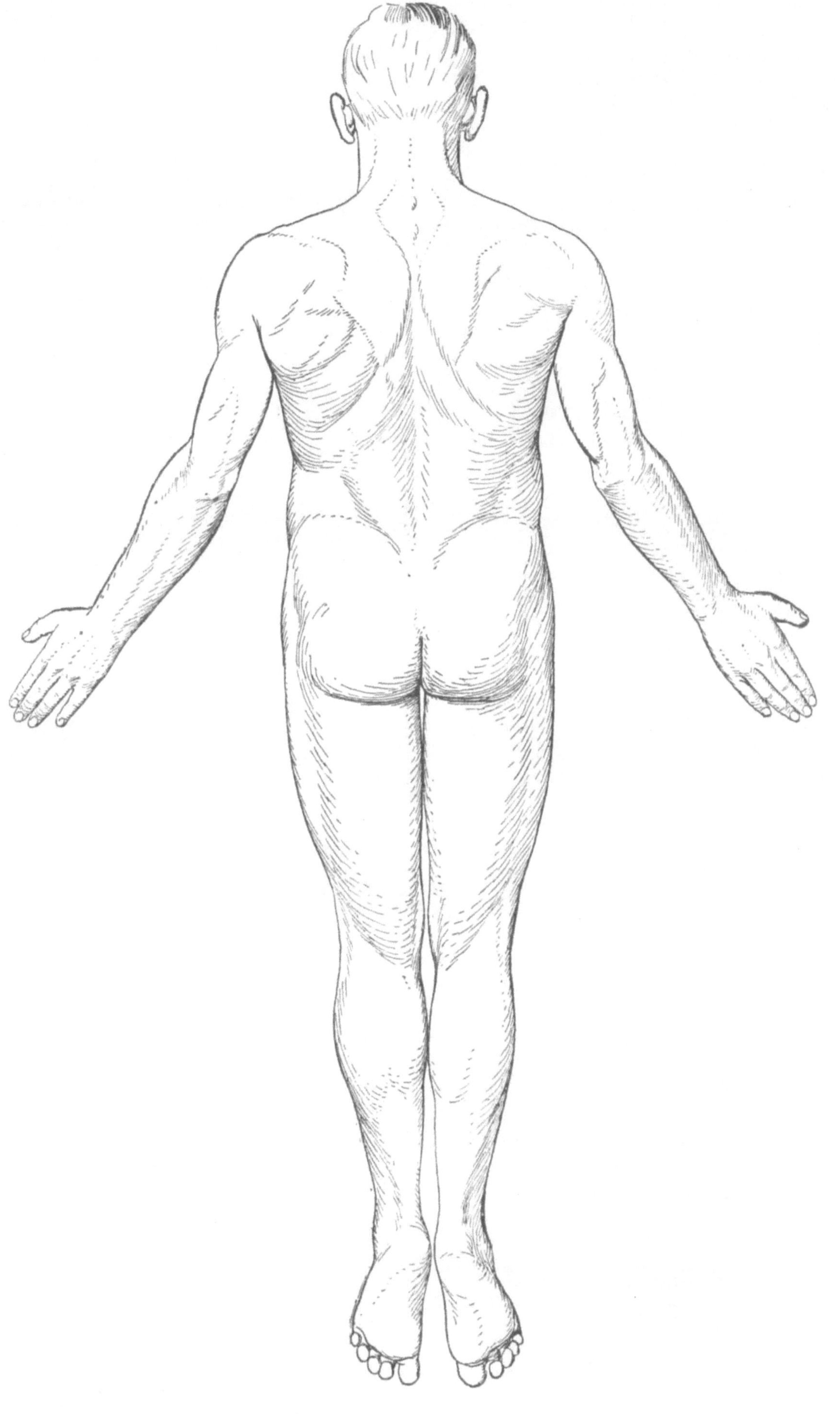

Name: .... Nr.: .... Datum: ....

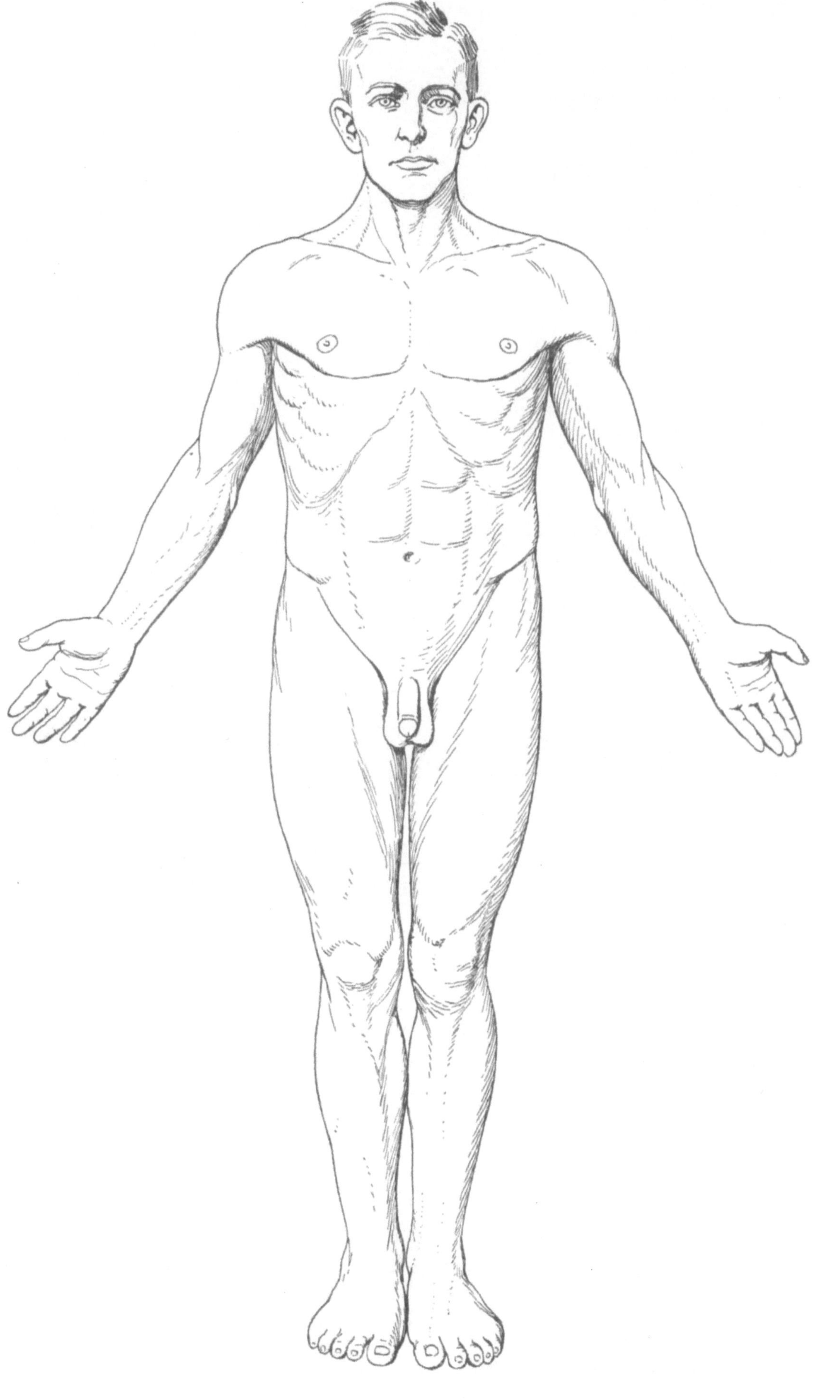

Name: .... Nr.: .... Datum: ....

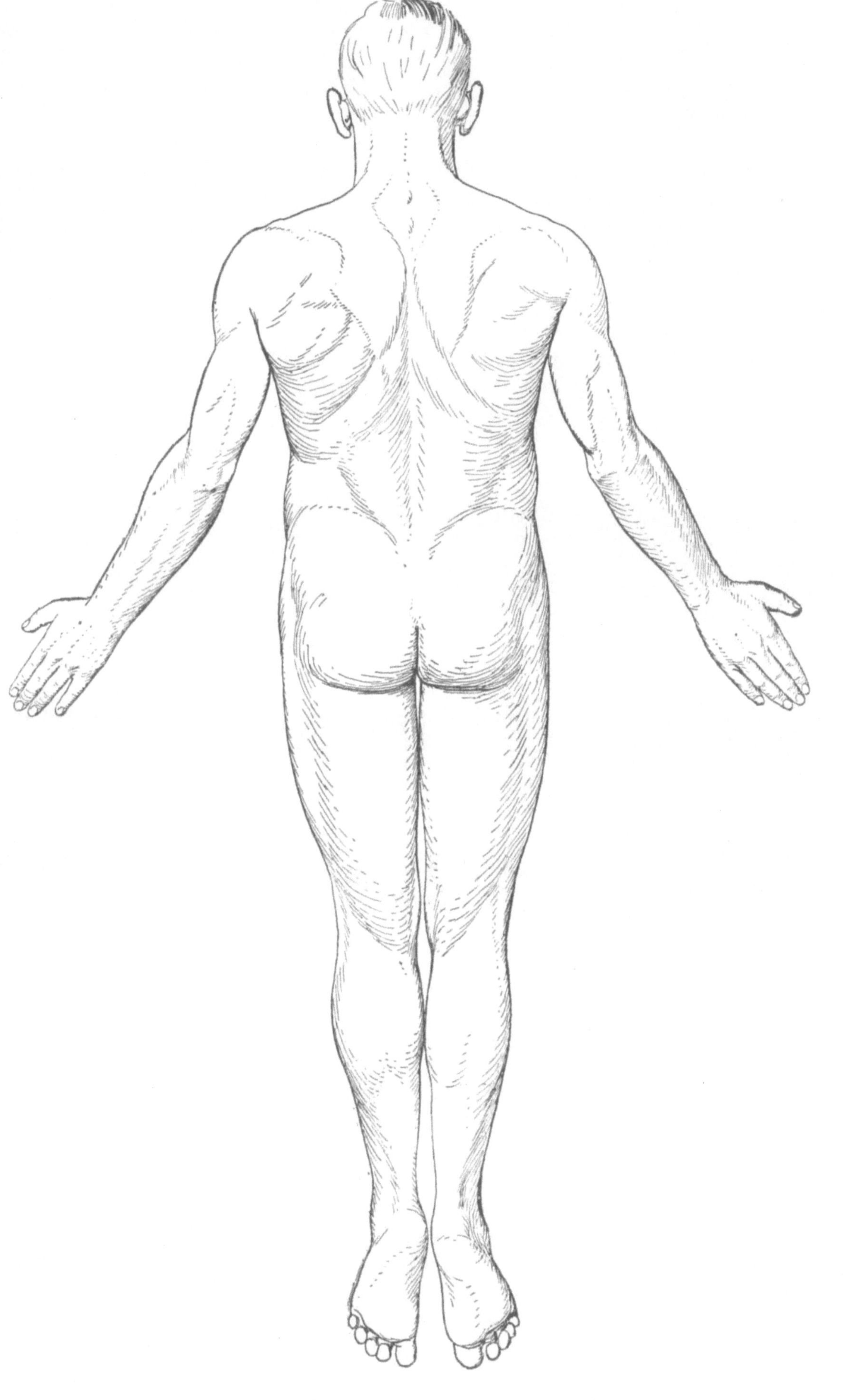

Name: .... Nr.: .... Datum: ....

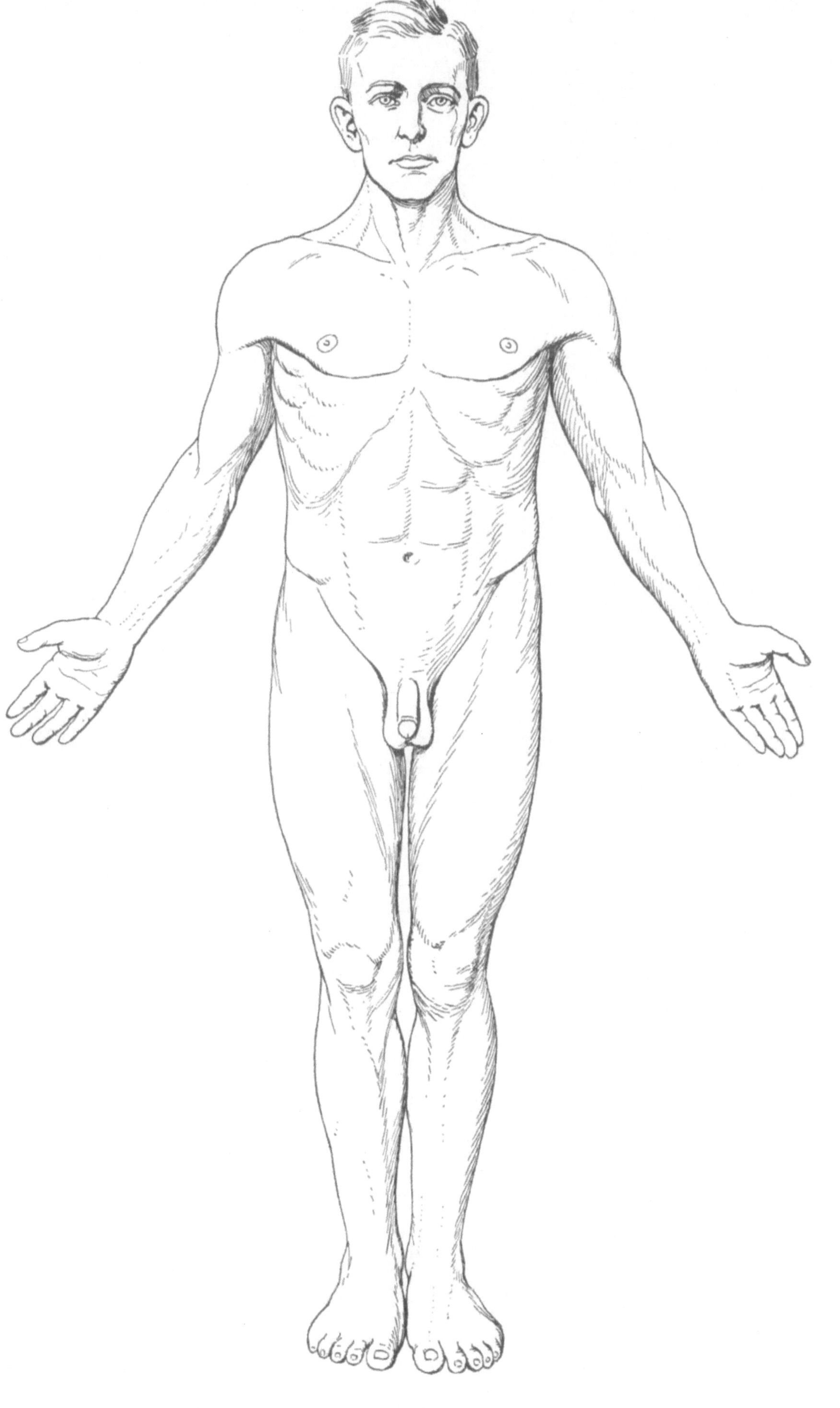

Name: .... Nr.: .... Datum: ....

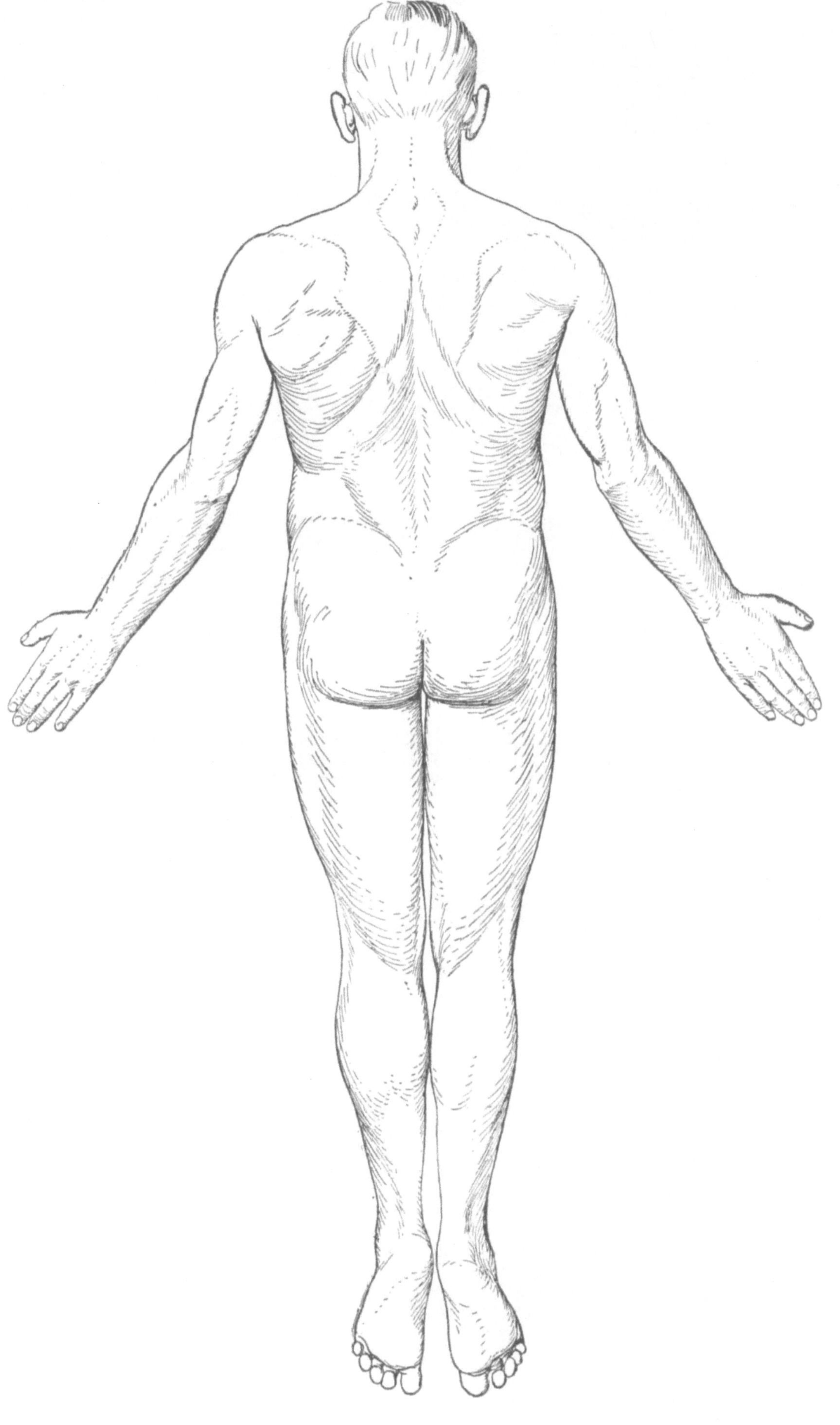

Name: .... **Nr.:** .... **Datum:** ....

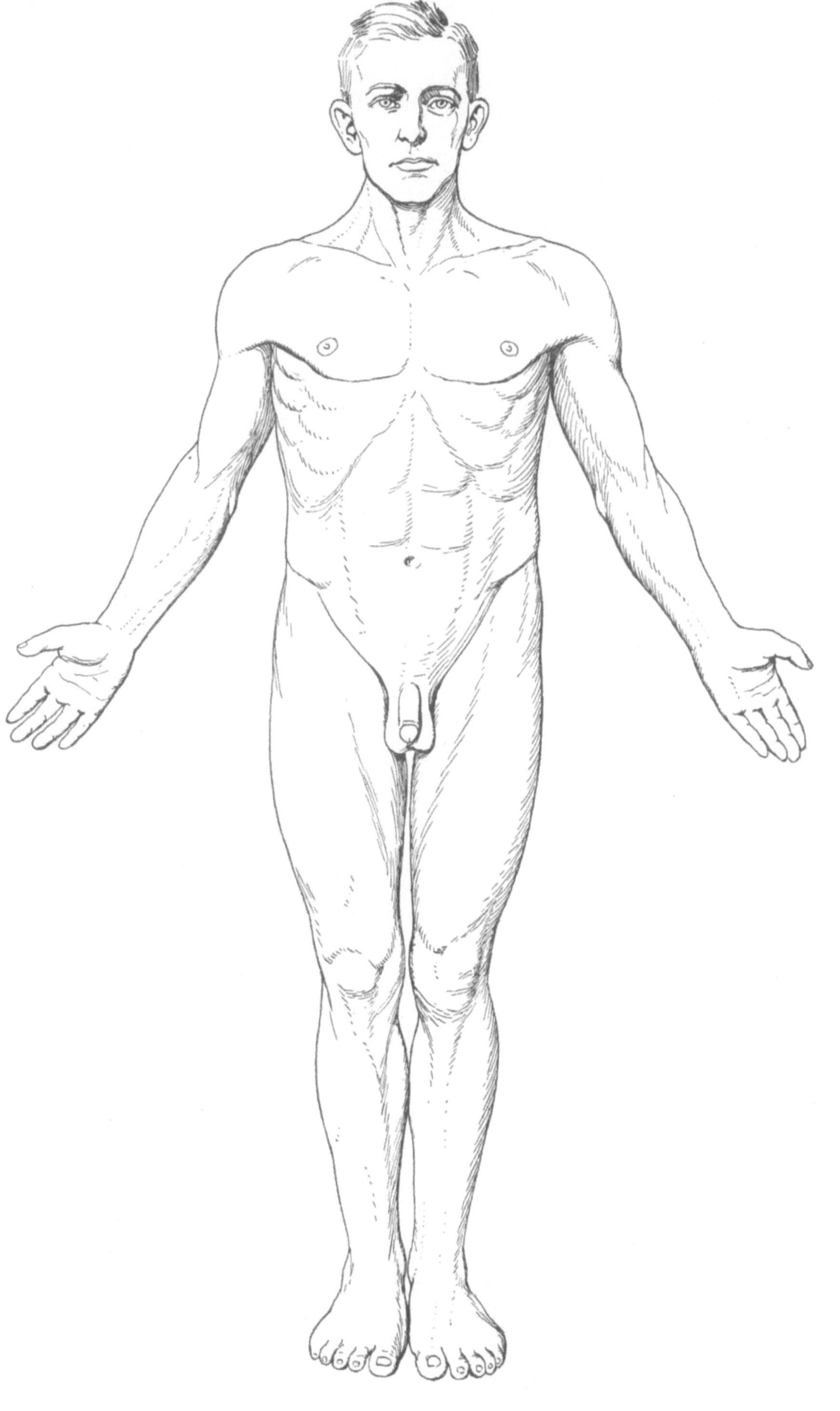

Name: .... Nr.: .... Datum: ....

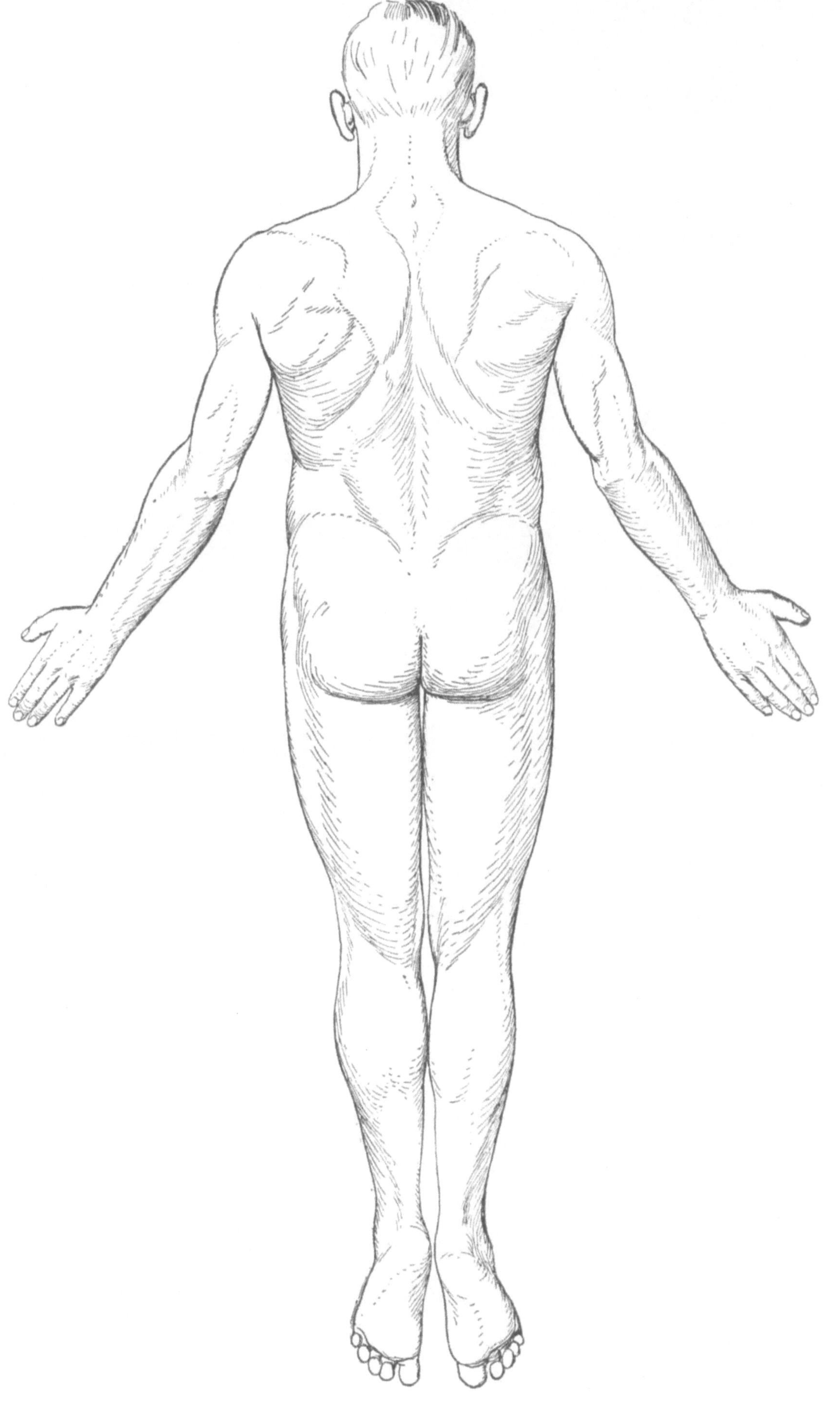

Name: .... Nr.: .... Datum: ....

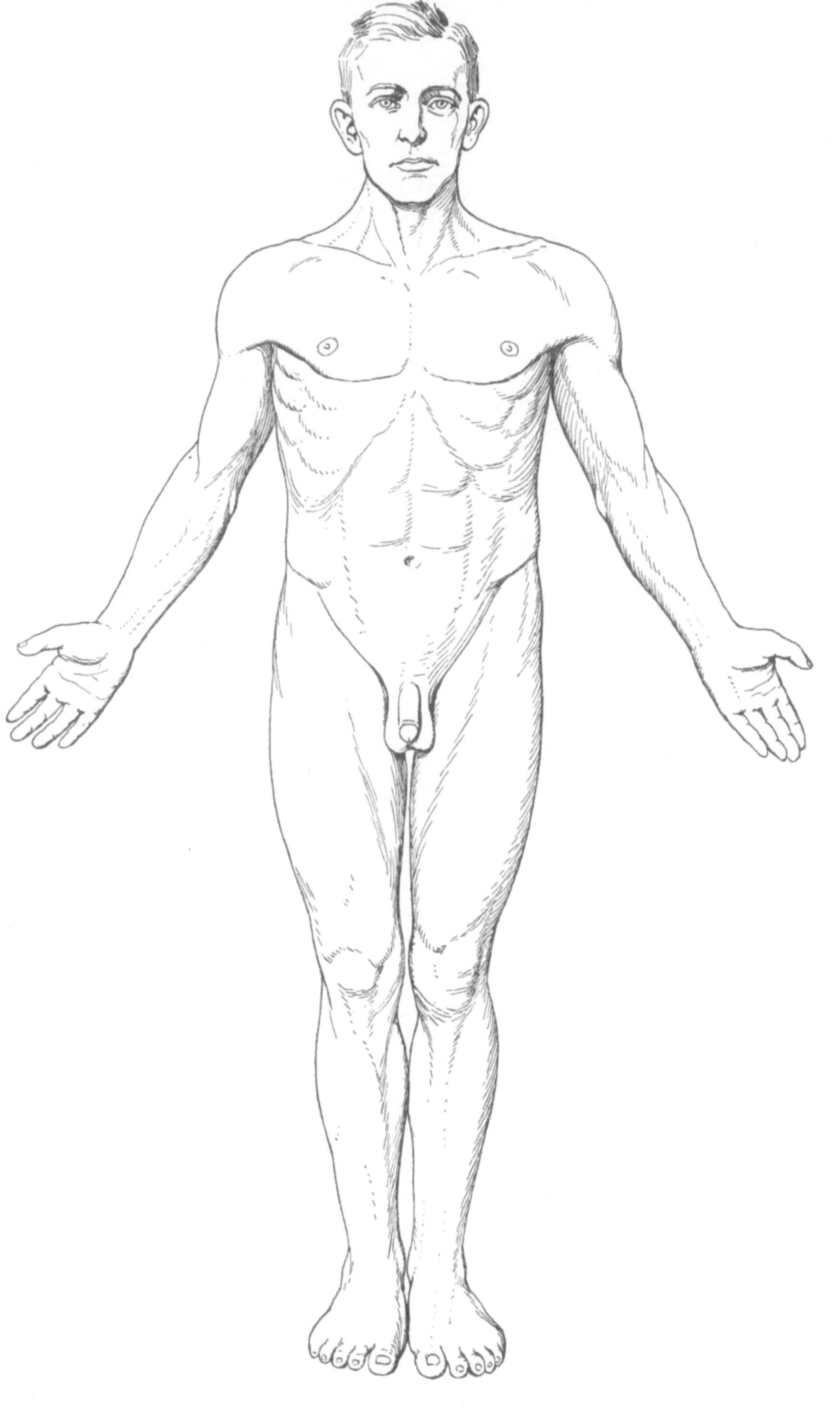

Name: .... Nr.: .... Datum: ....

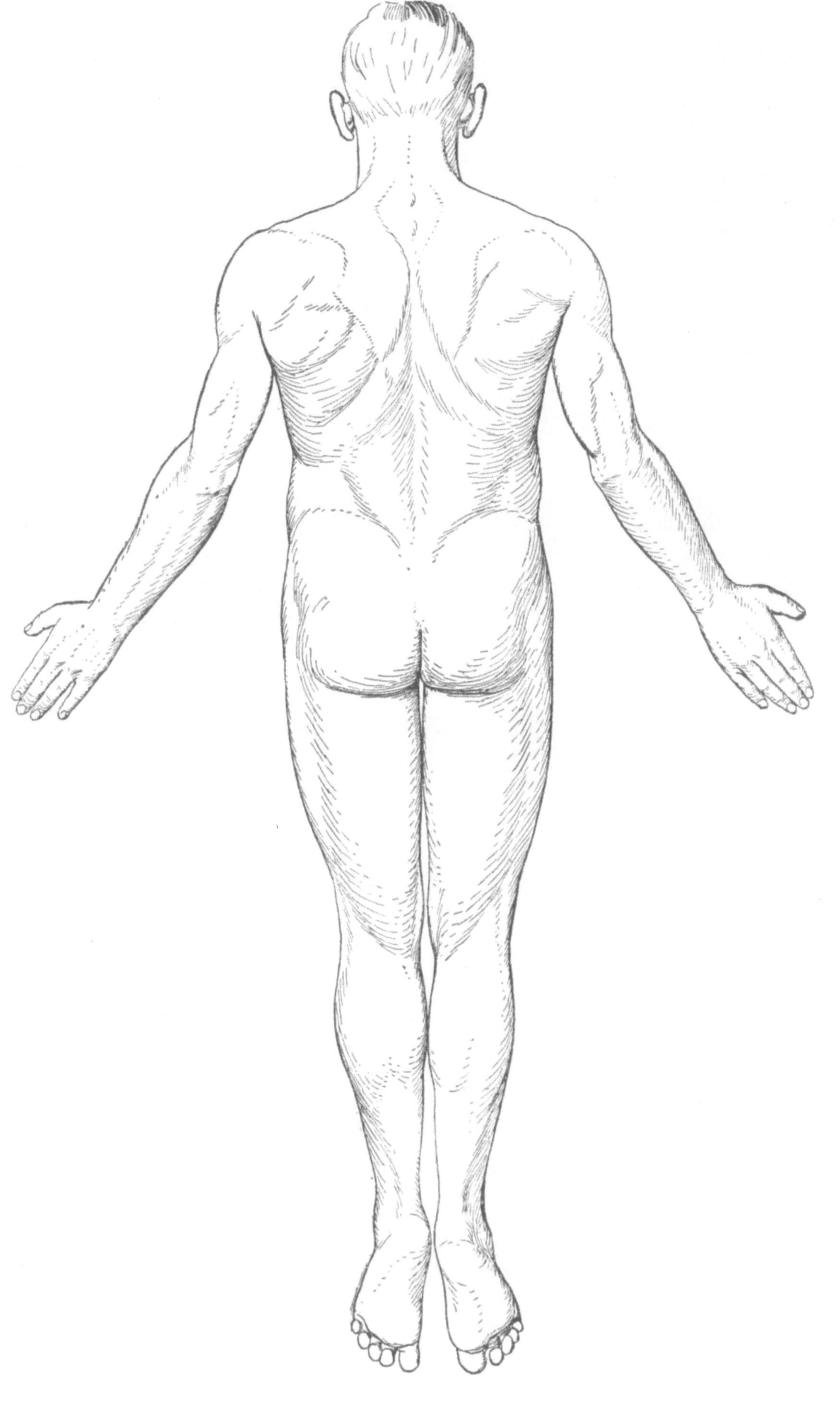

Name: .... Nr.: .... Datum: ....

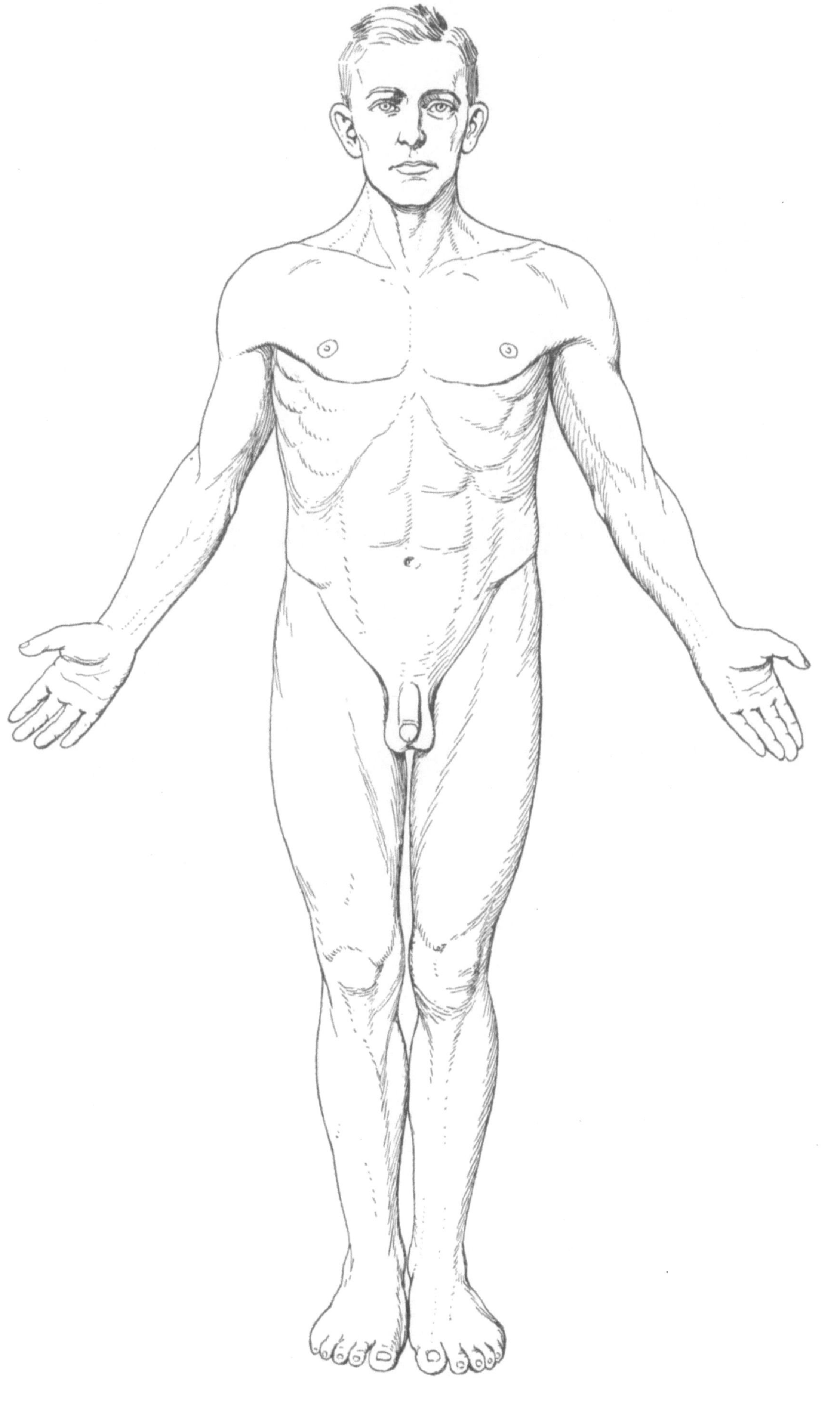

Name: .... Nr.: .... Datum: ....

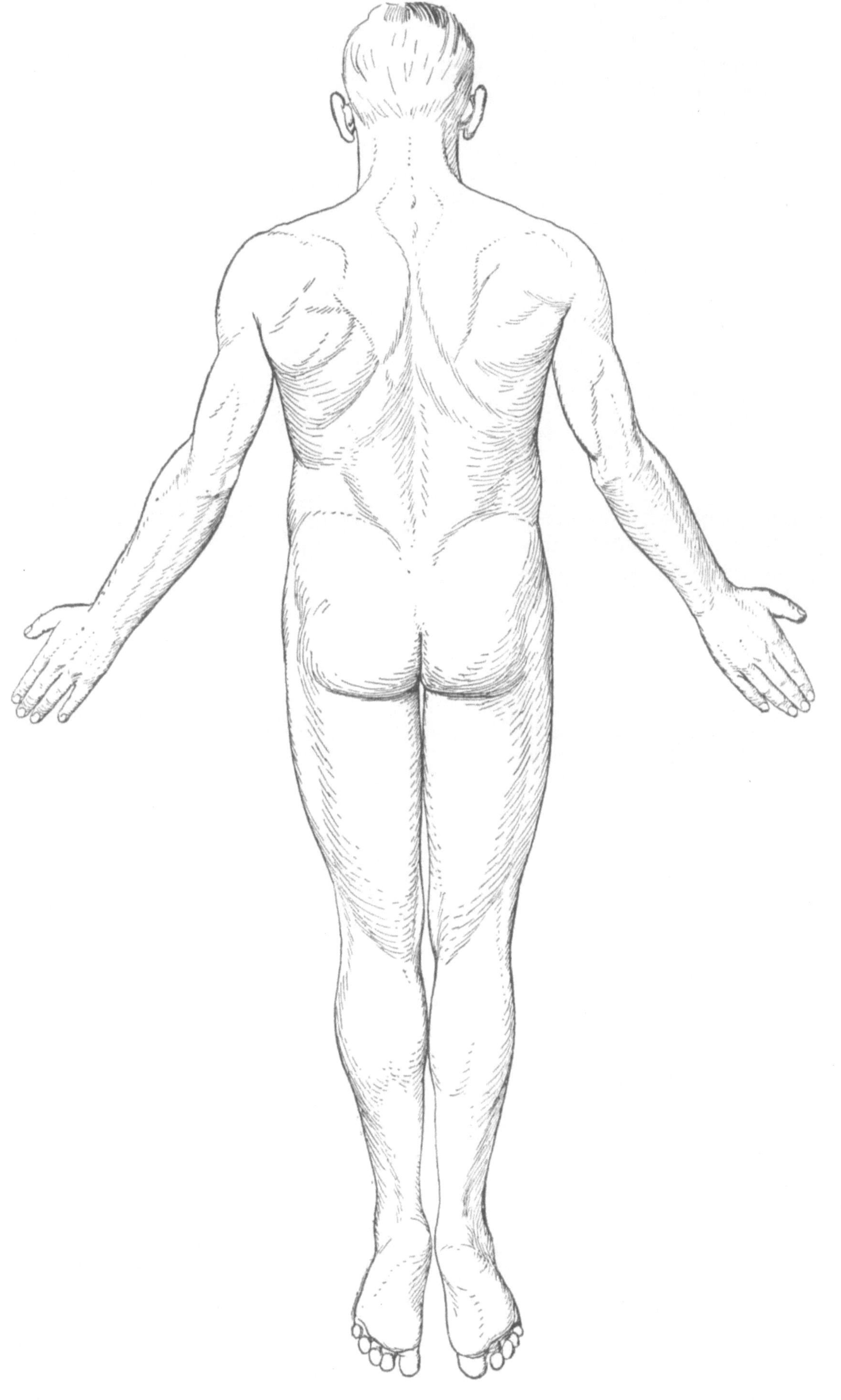

Name: .... Nr.: .... Datum: ....

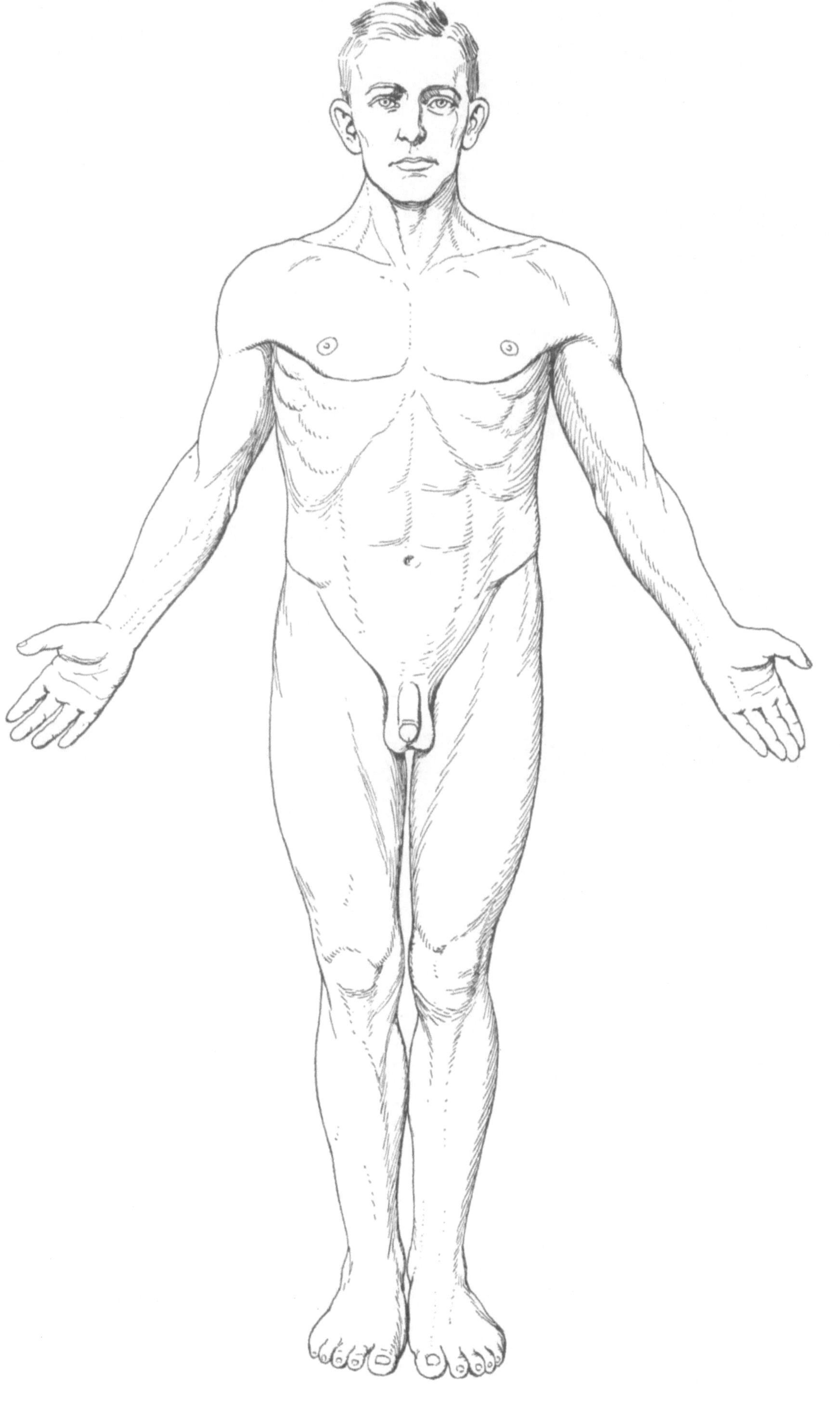

Name: .... Nr.: .... Datum: ....

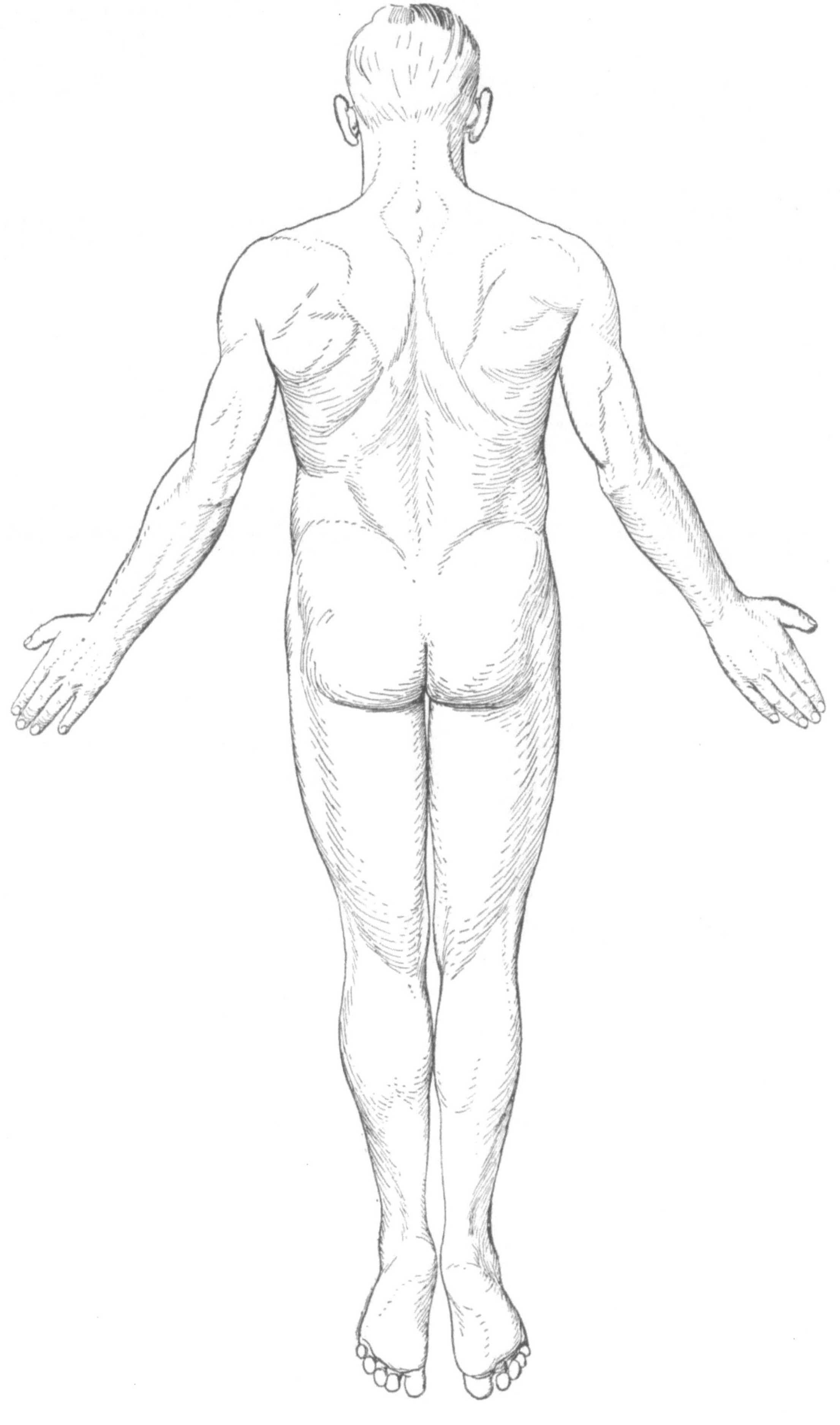

Name: .... **Nr.:** .... **Datum:** ....

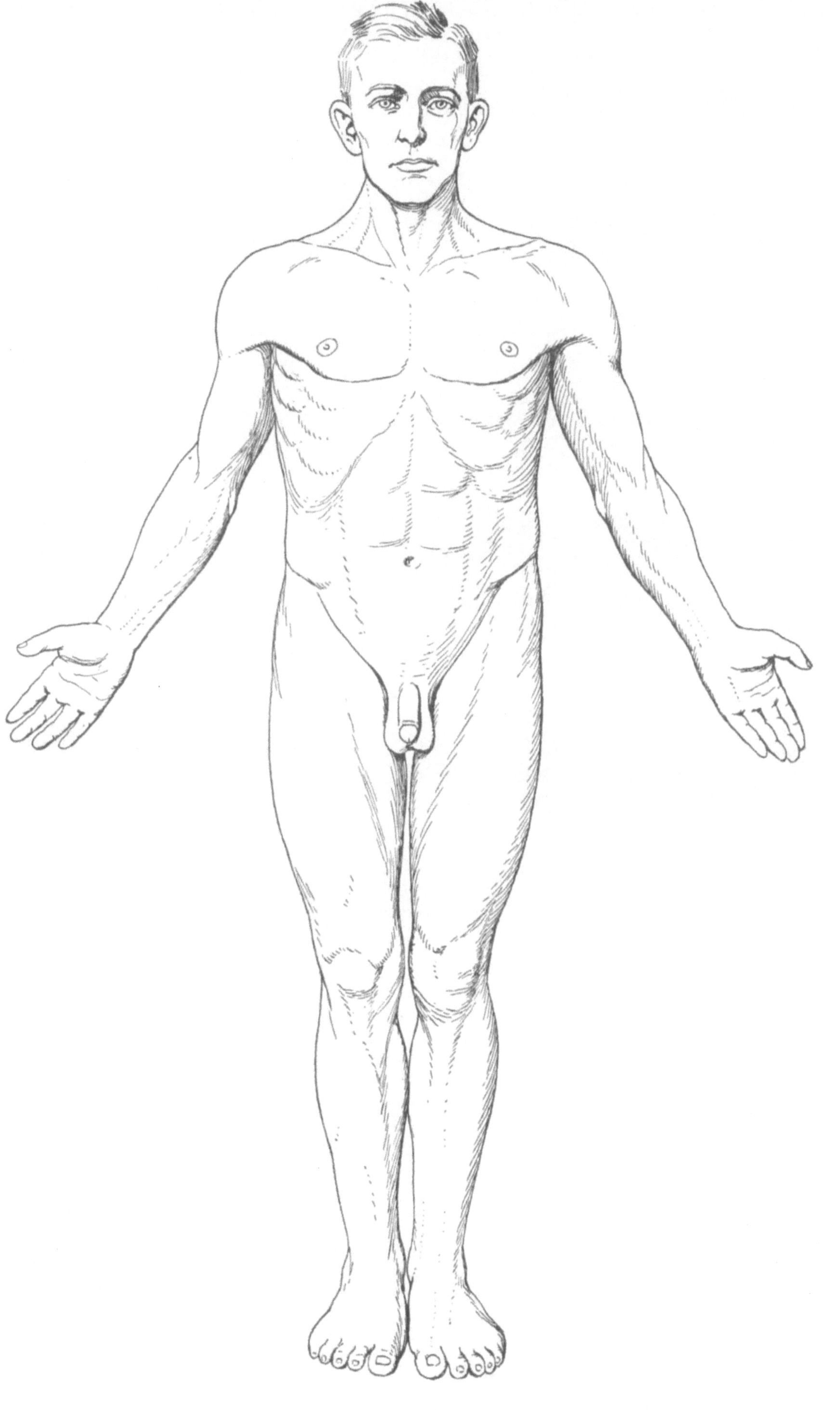

Name: .... Nr.: .... Datum: ....

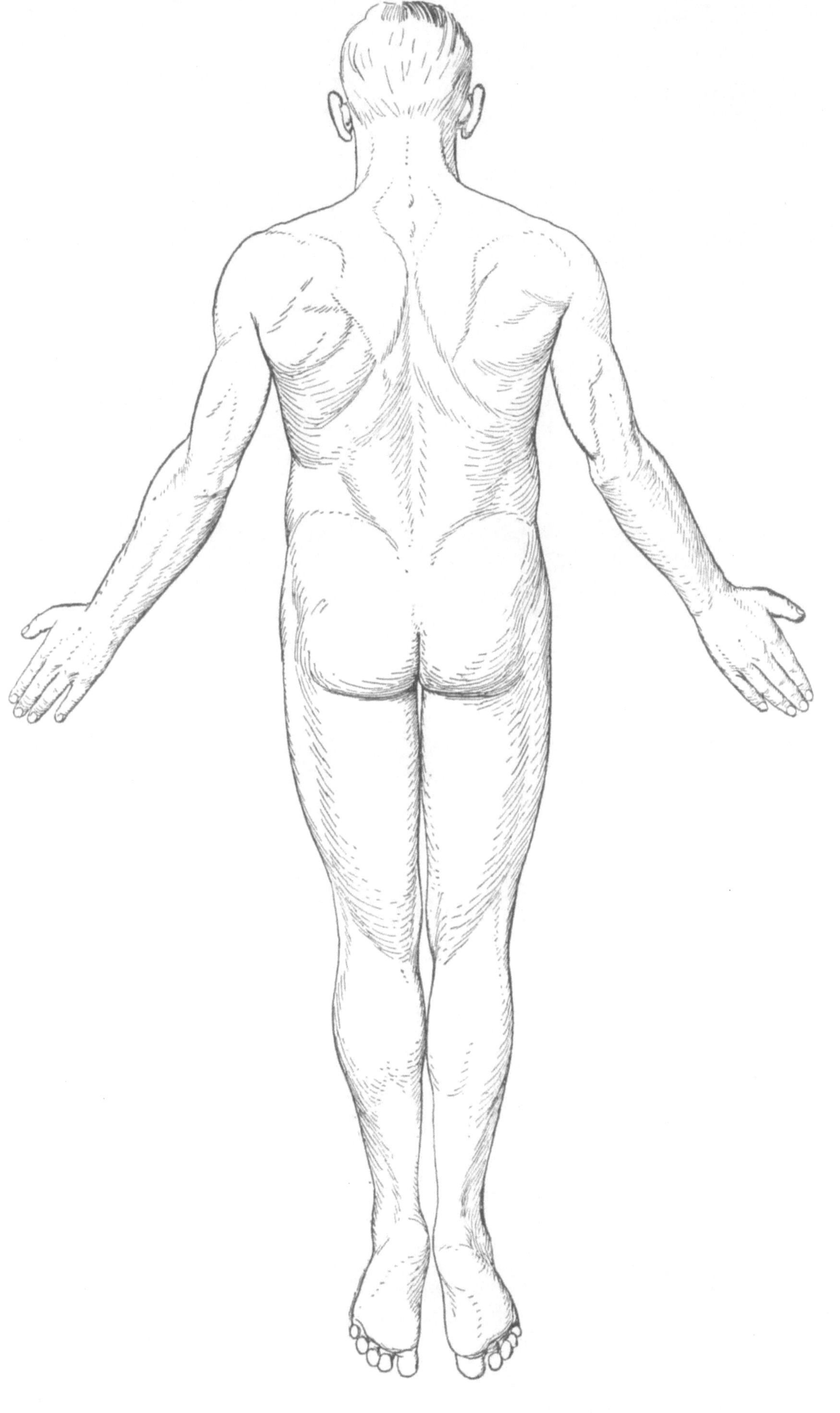

Name: .... Nr.: .... Datum: ....

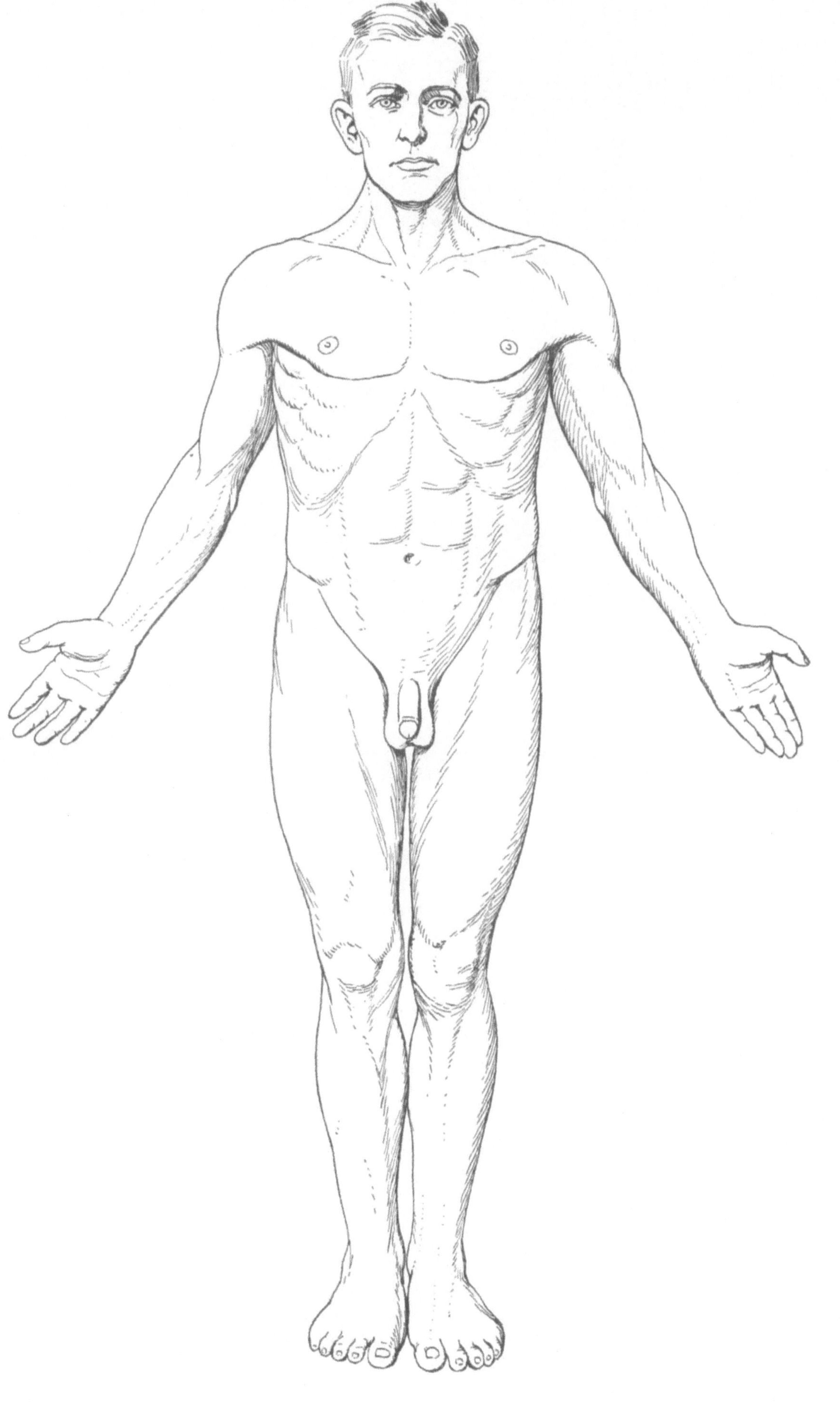

Name: .... **Nr.:** .... **Datum:** ....

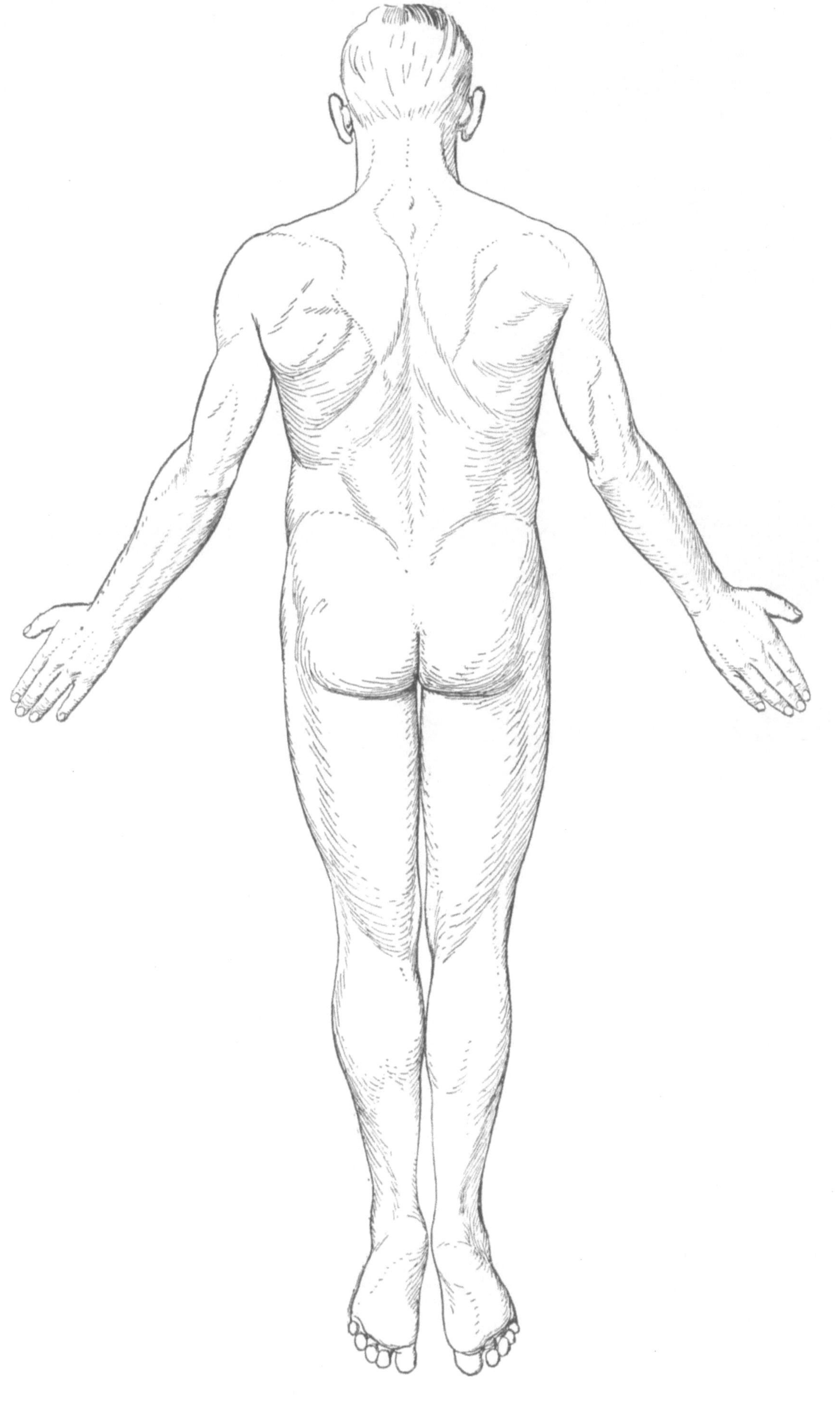

Name: .... Nr.: .... Datum: ....

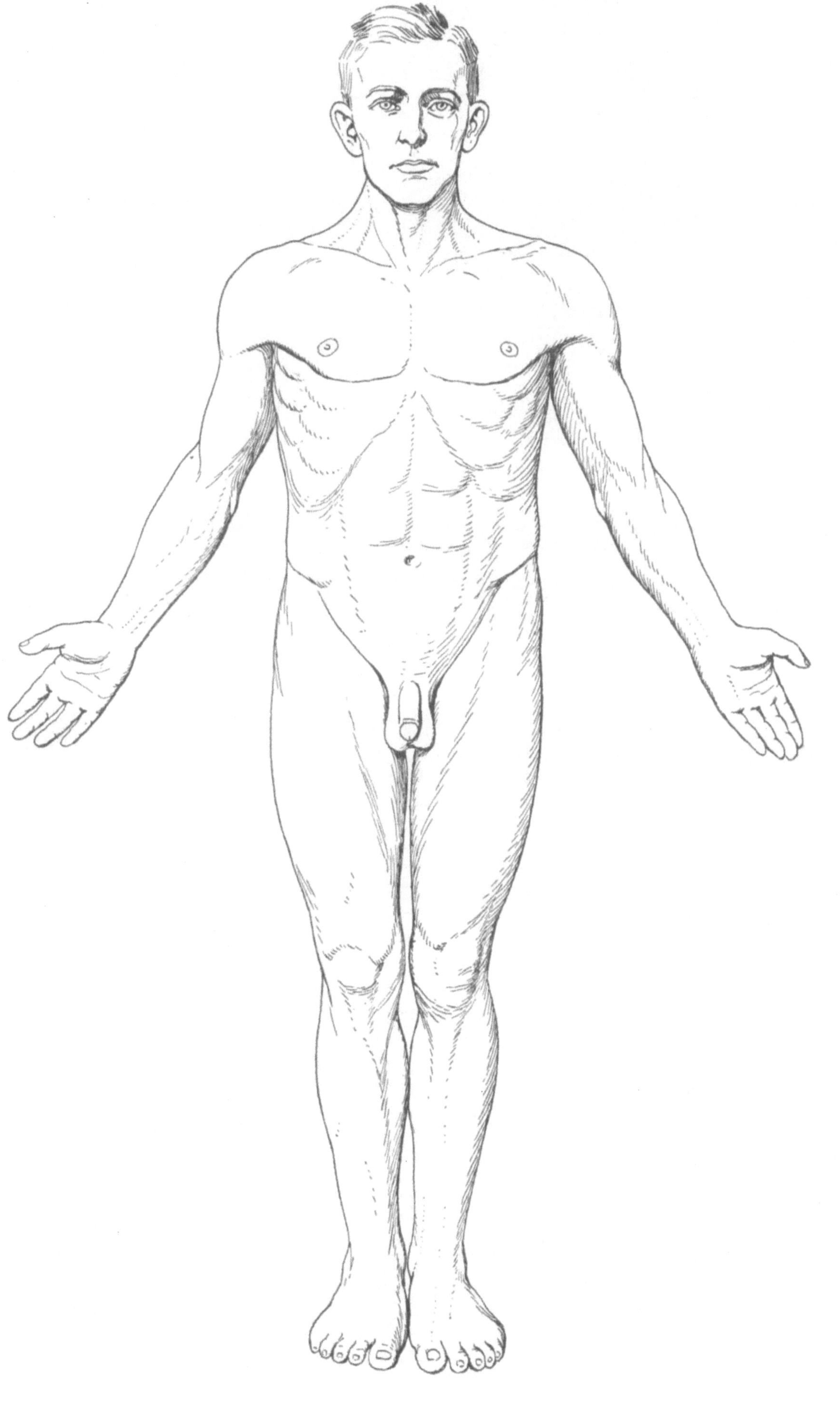

Name: .... Nr.: .... Datum: ....

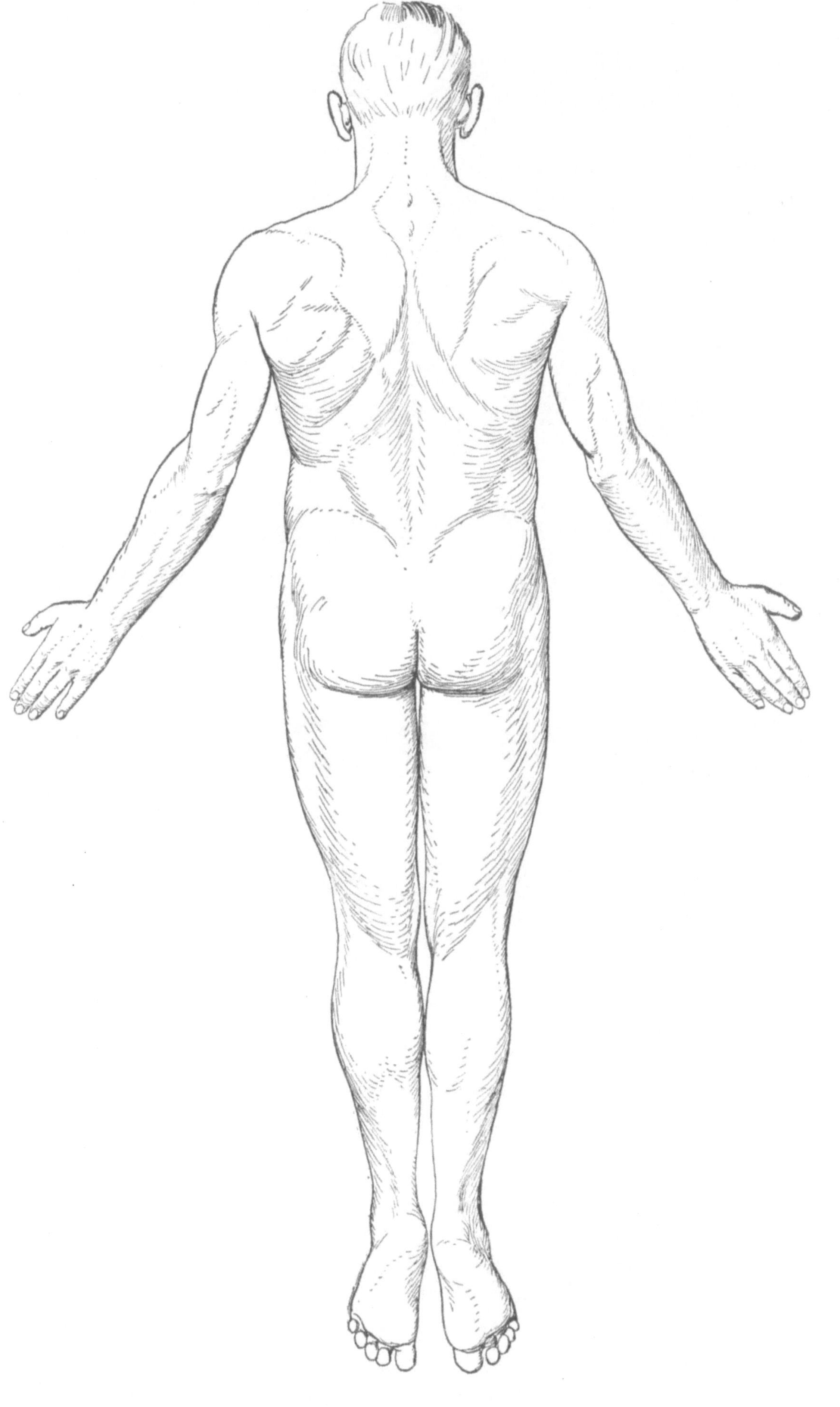

Name: .... Nr.: .... Datum: ....

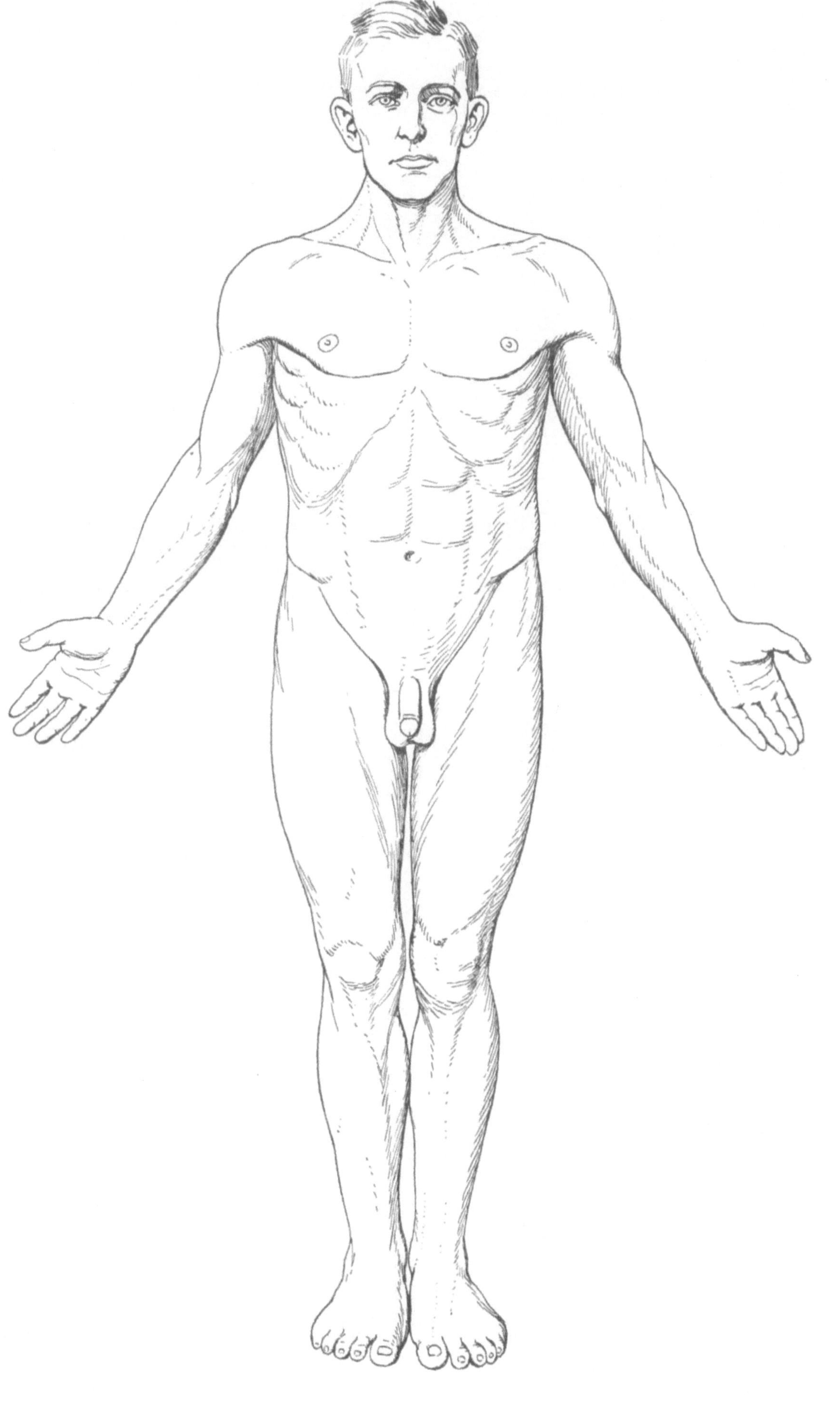

Name: .... Nr.: .... Datum: ....

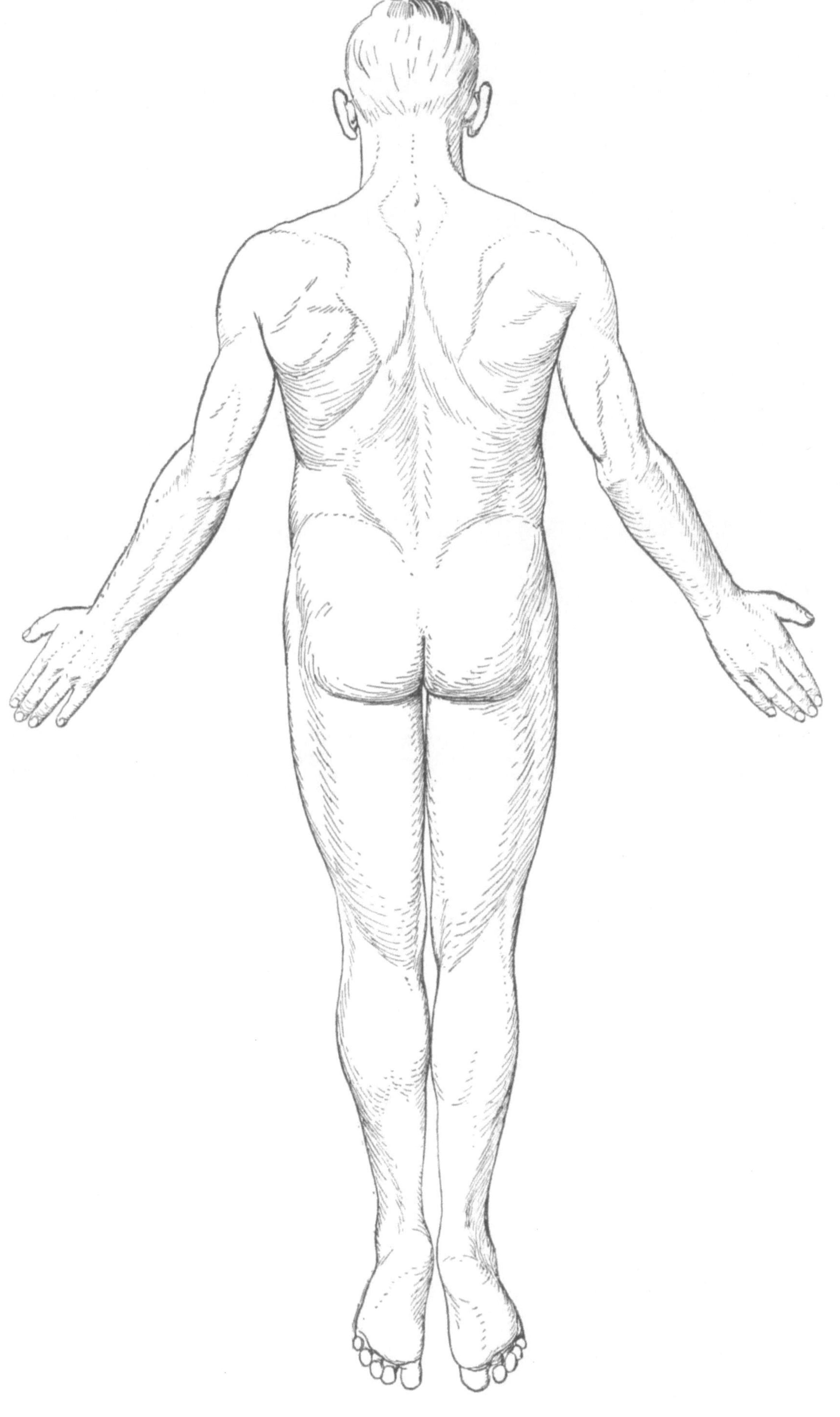

Name: .... **Nr.:** .... **Datum:** ....

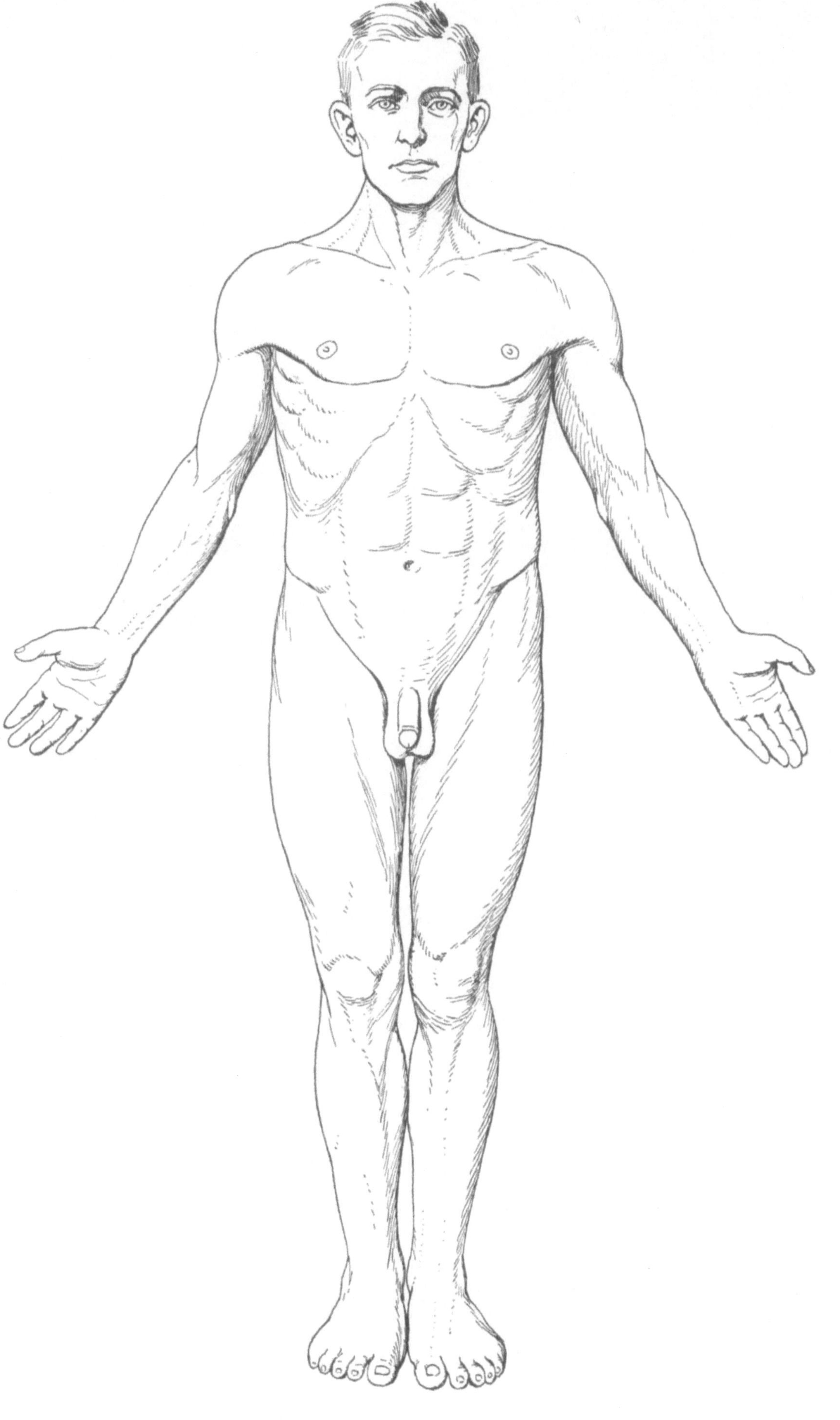

Name: .... **Nr.:** .... **Datum:** ....

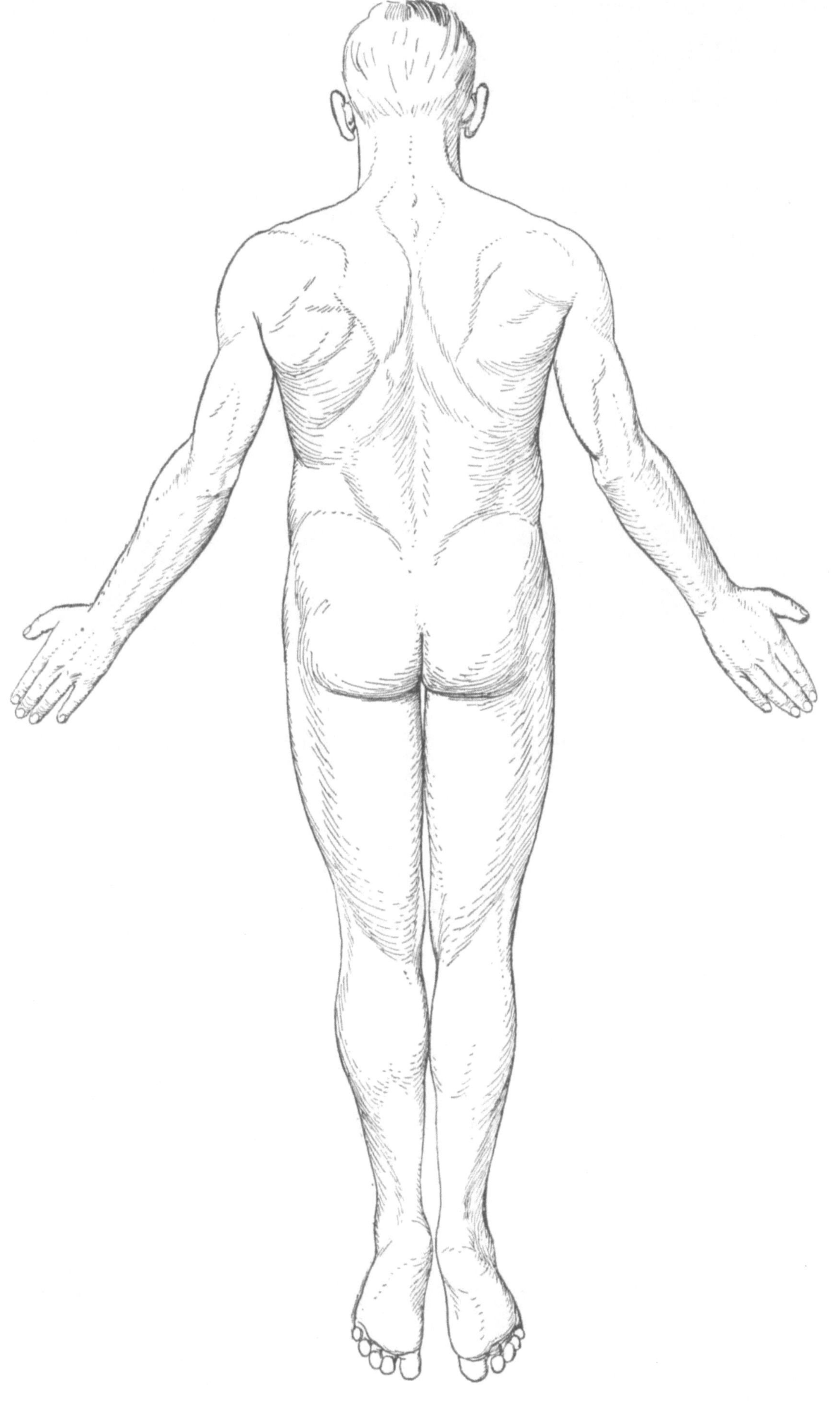

Name: .... **Nr.:** .... **Datum:** ....

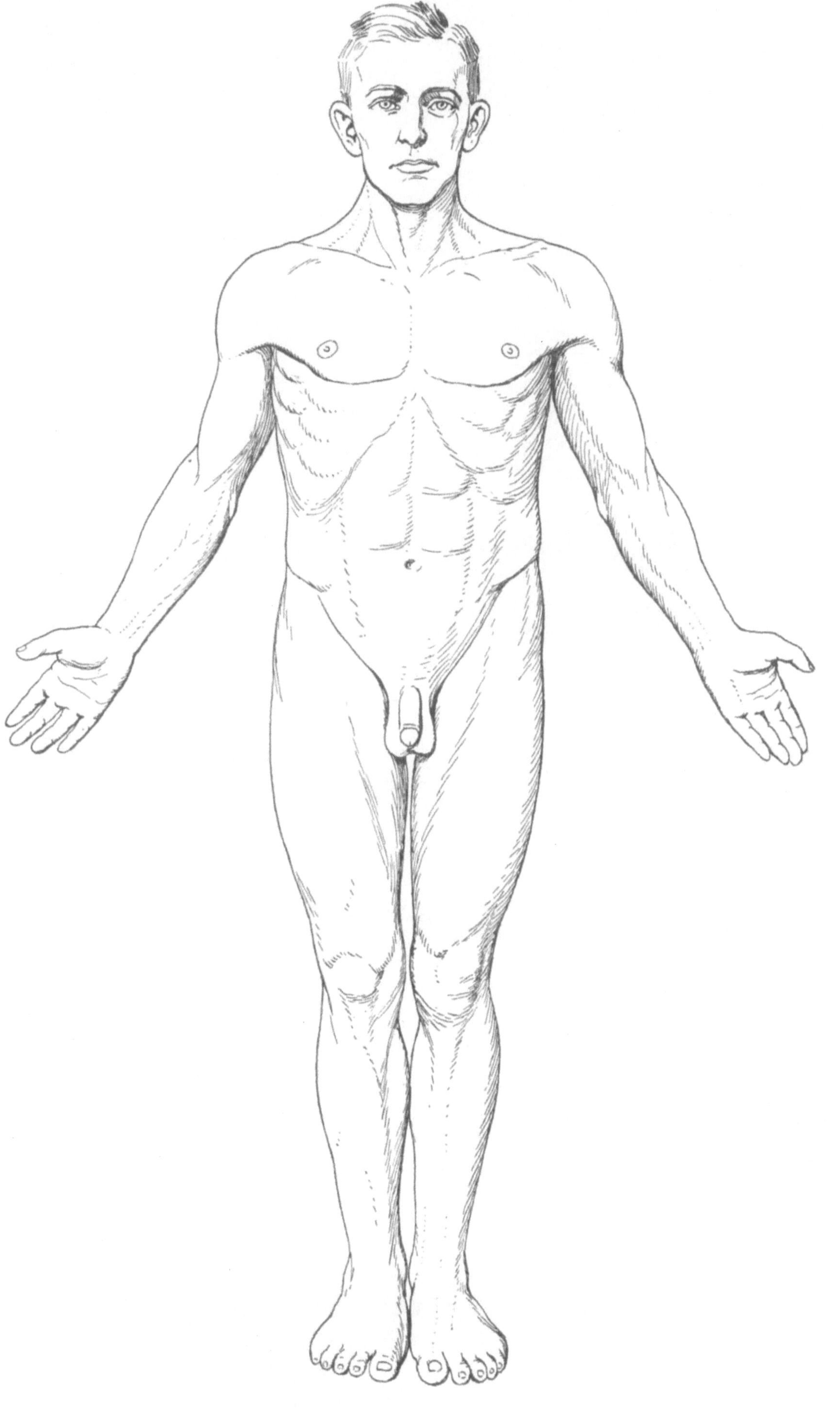

Name: .... Nr.: .... Datum: ....

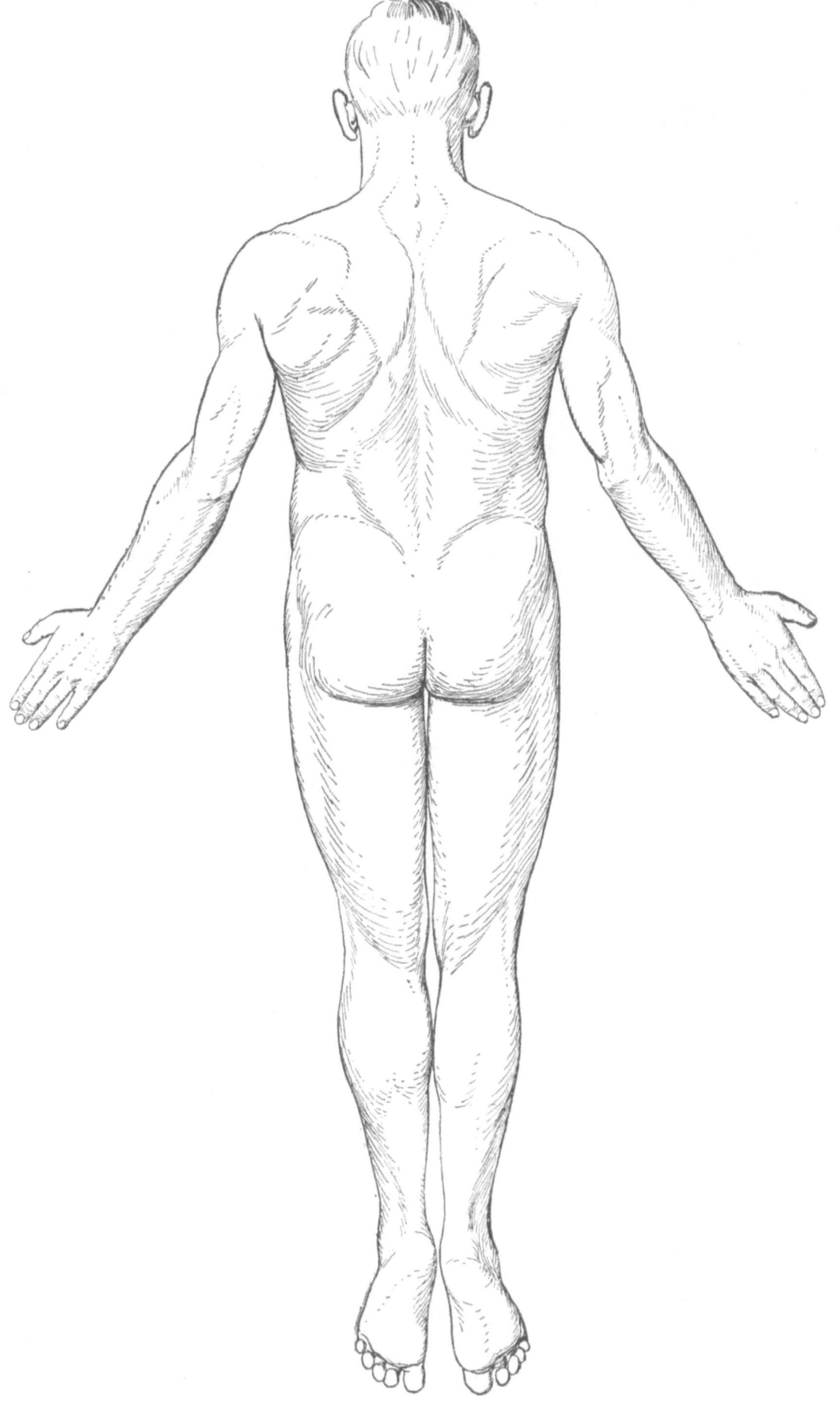

Name: .... Nr.: .... Datum: ....

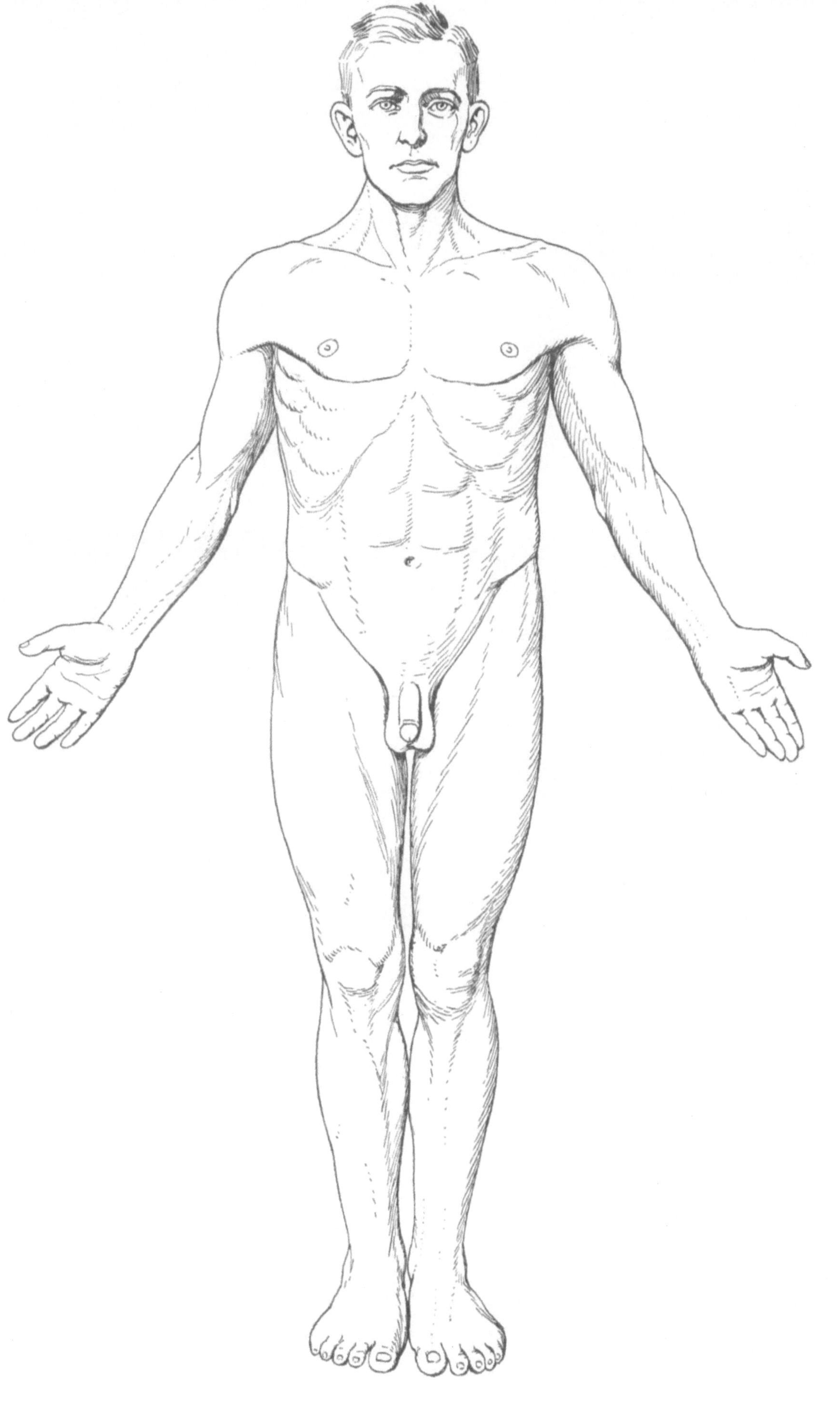

Name: .... **Nr.:** .... **Datum:** ....

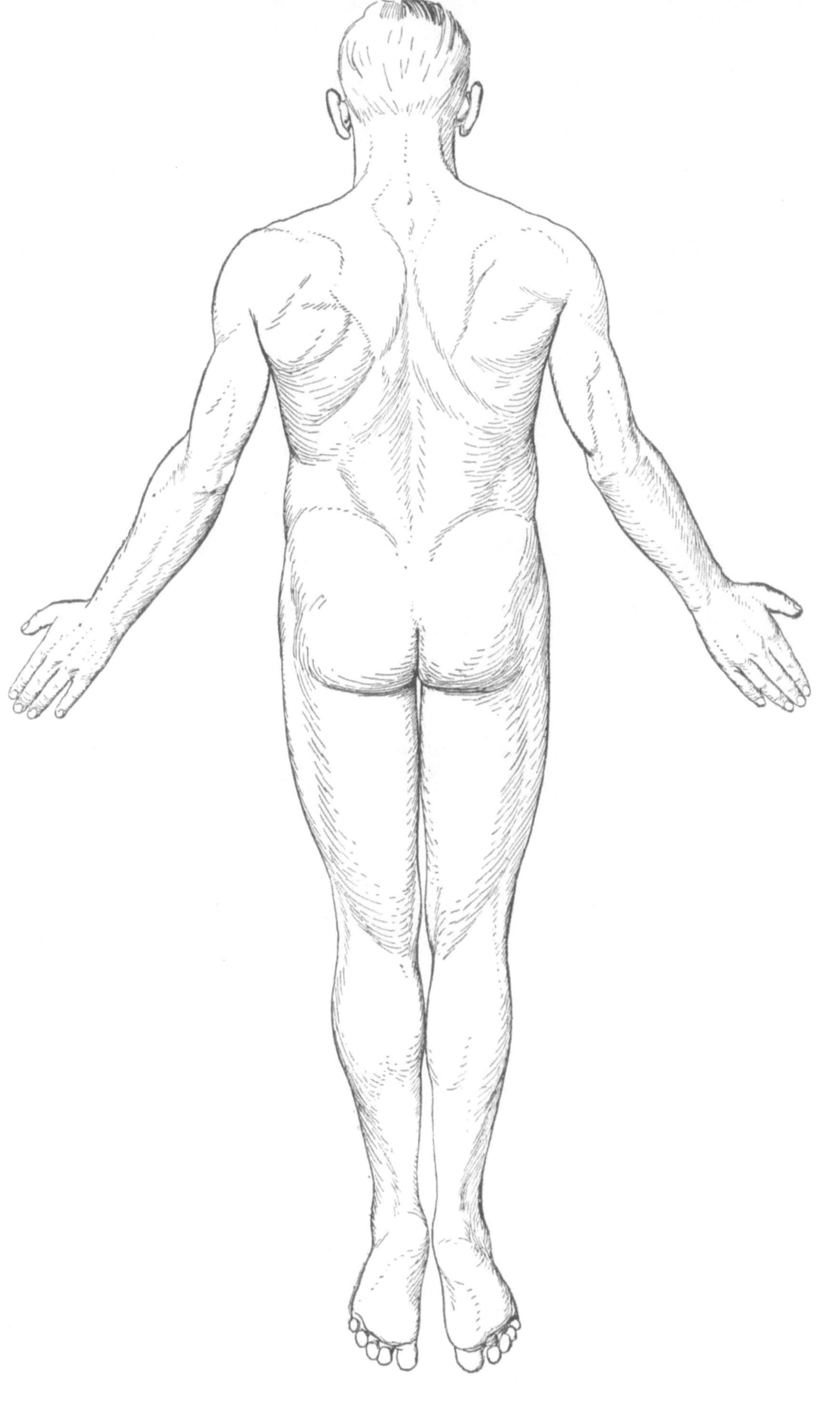

Name: .... Nr.: .... Datum: ....

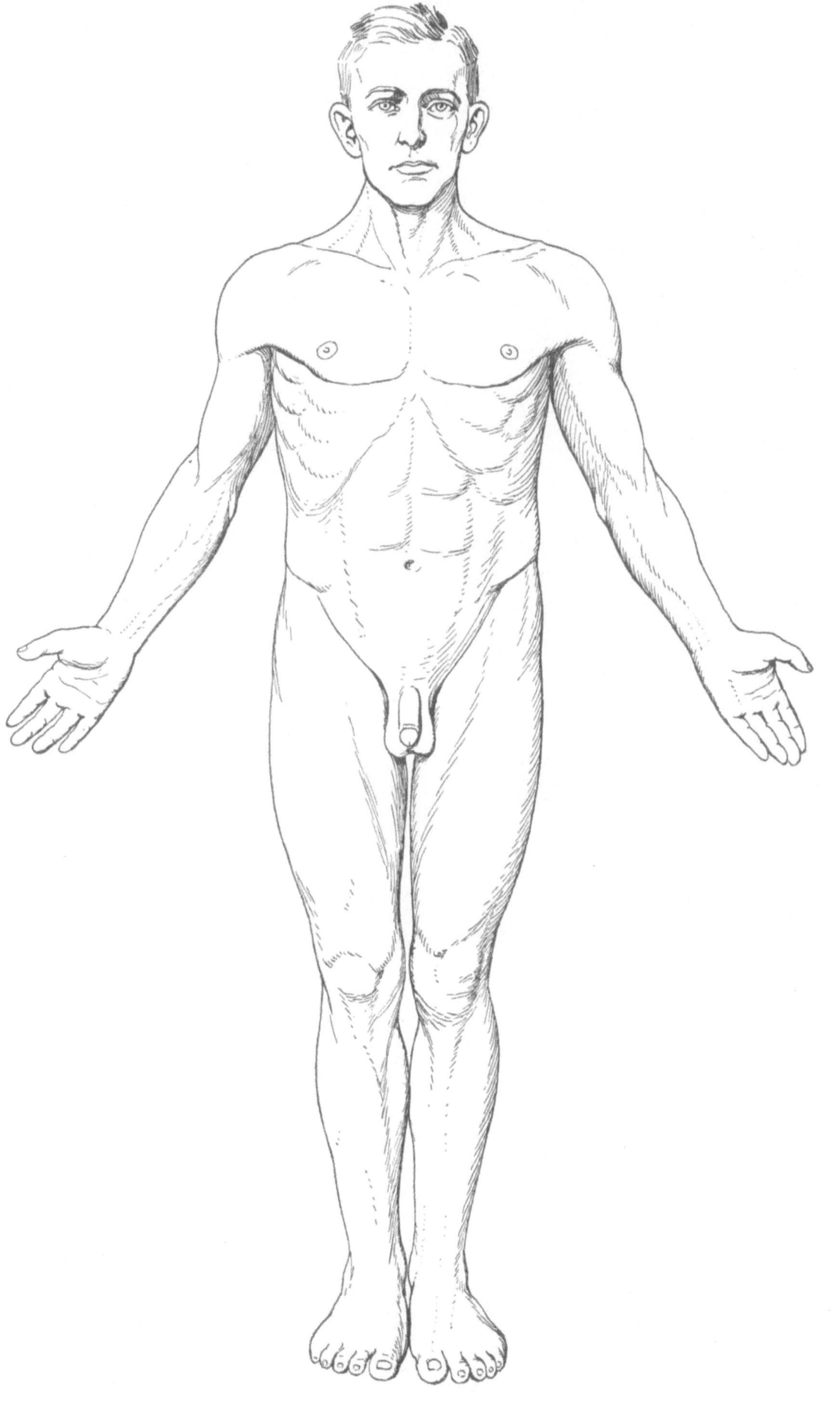

Name: .... Nr.: .... Datum: ....

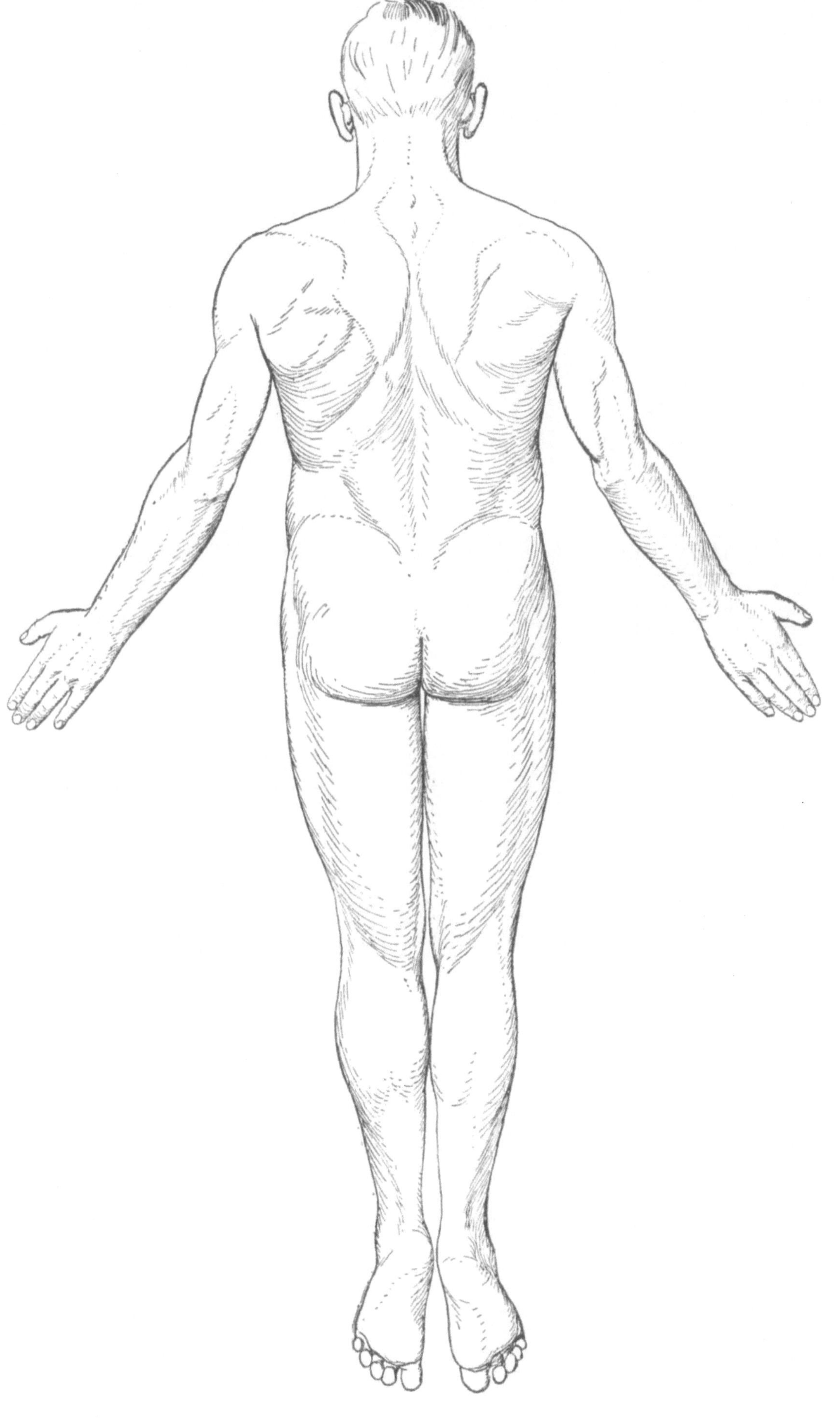

Name: .... Nr.: .... Datum: ....

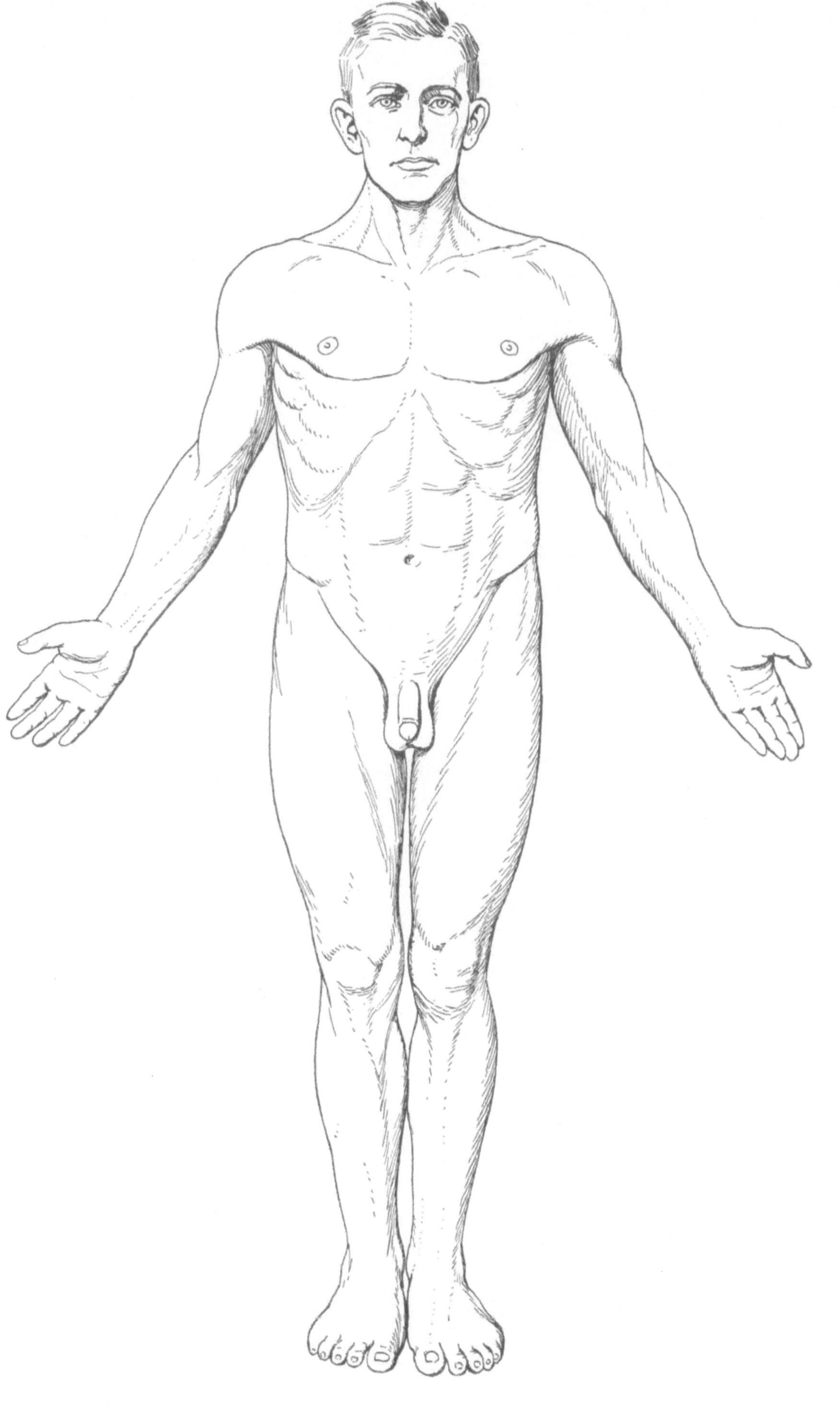

Name: .... **Nr.:** .... **Datum:** ....

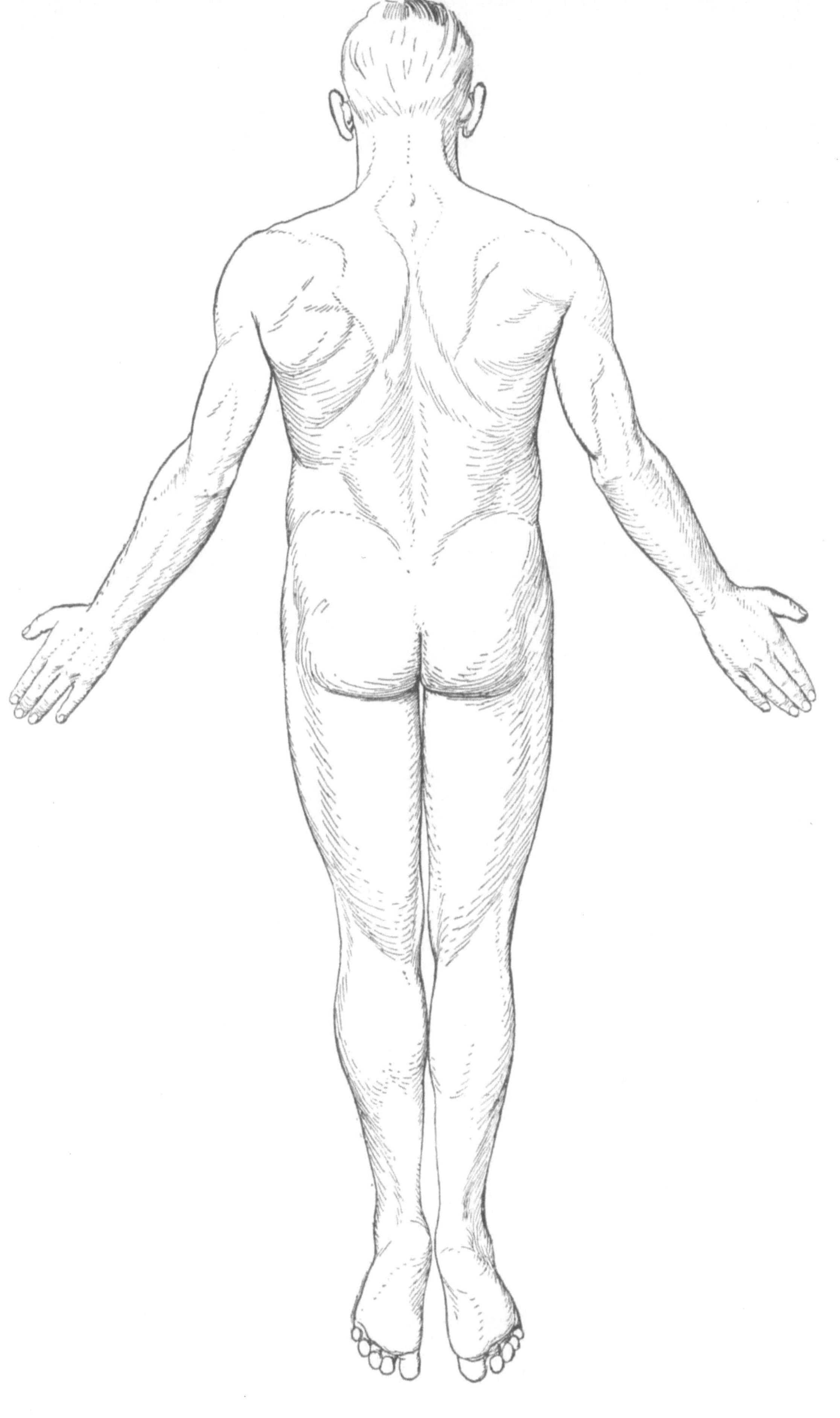

Name: .... Nr.: .... Datum: ....

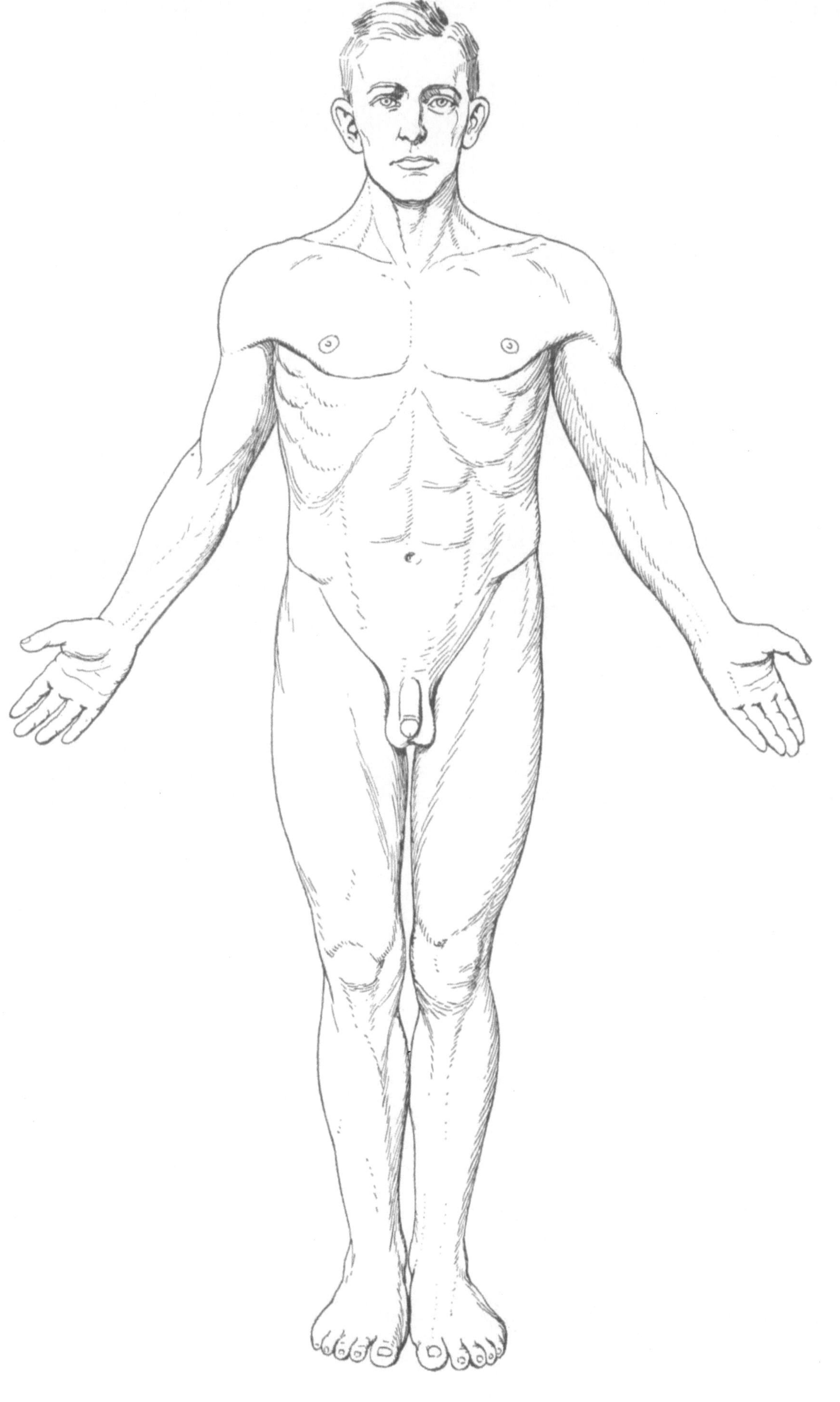

Name: .... Nr.: .... Datum: ....

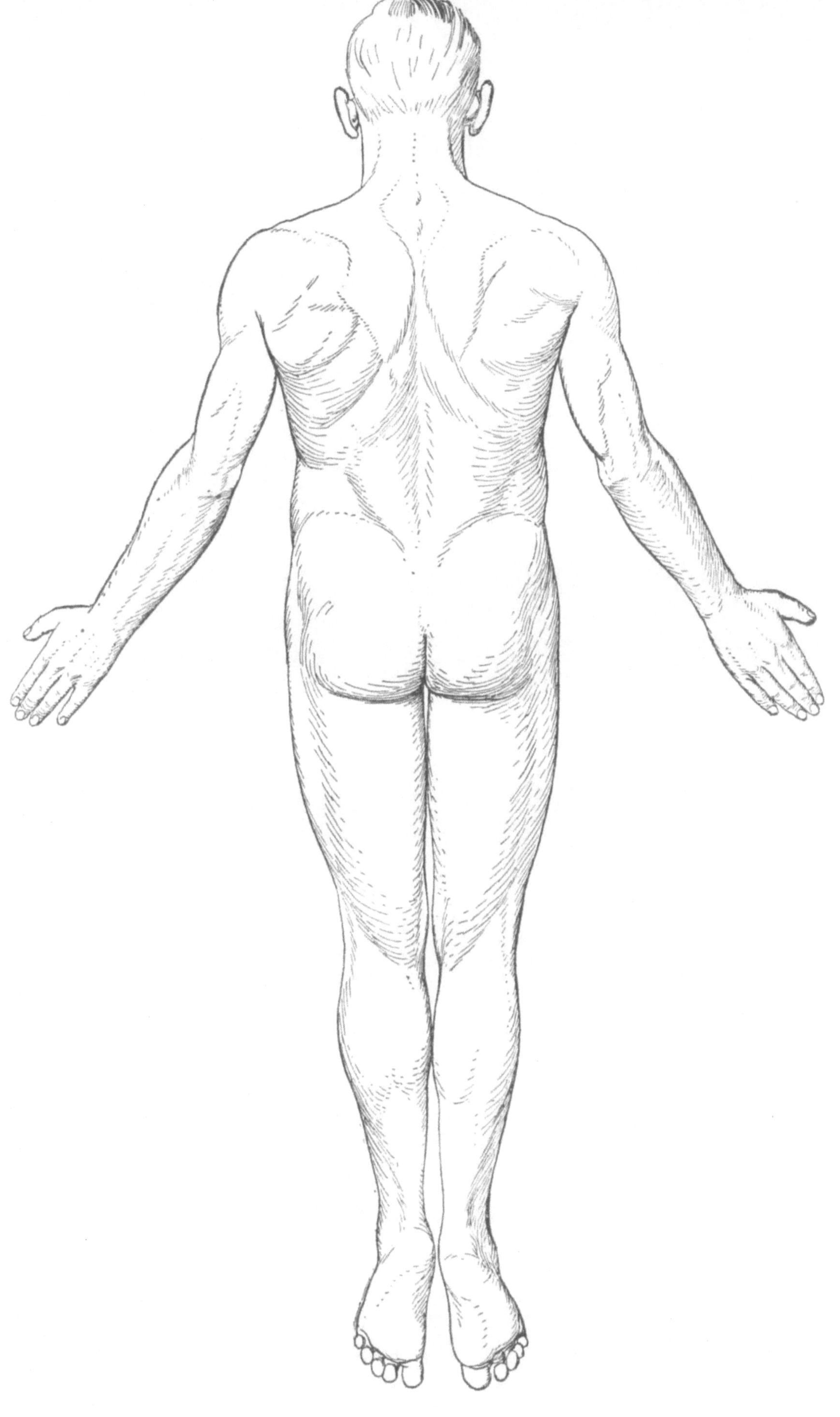

Name: .... Nr.: .... Datum: ....

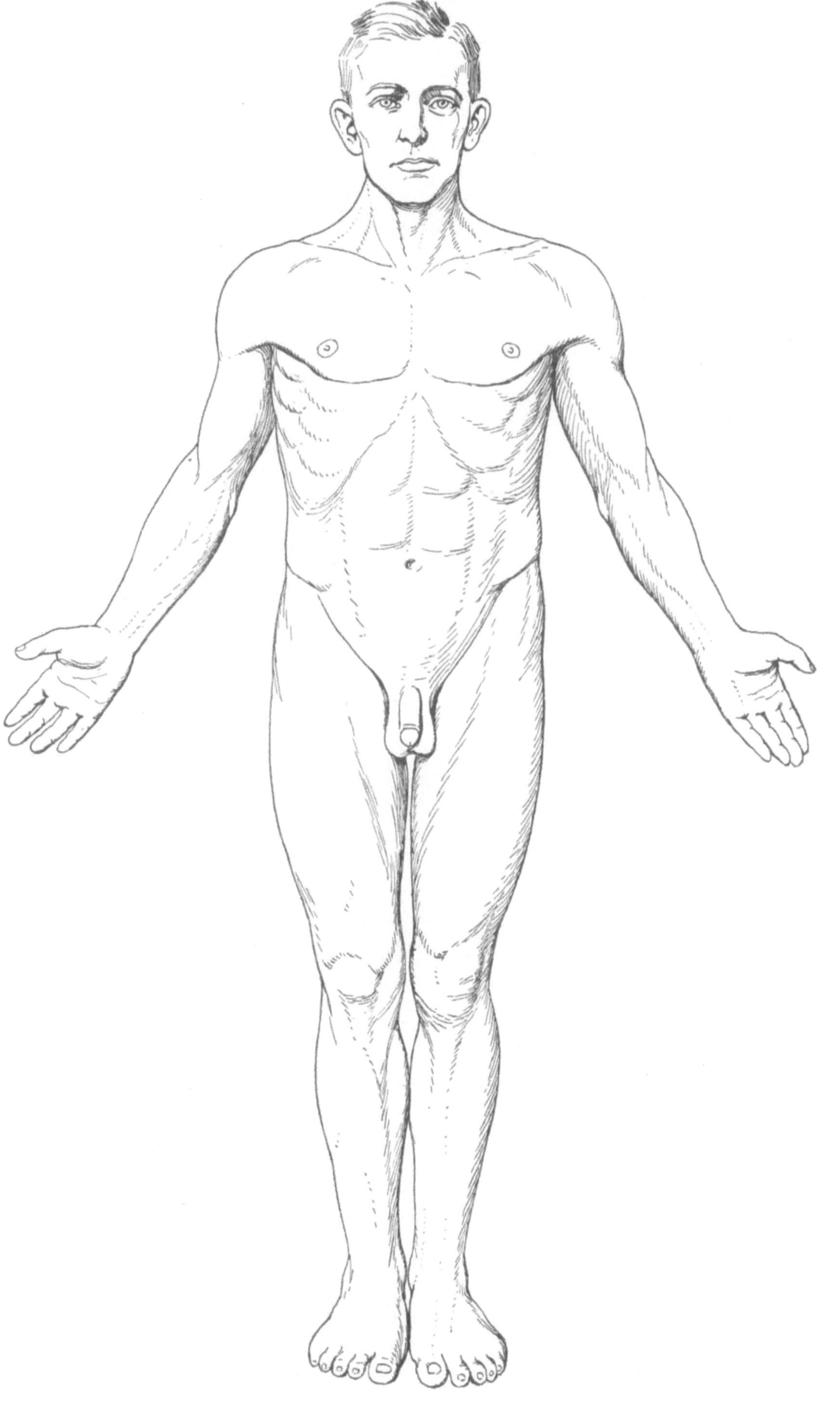

Name: .... Nr.: .... Datum: ....

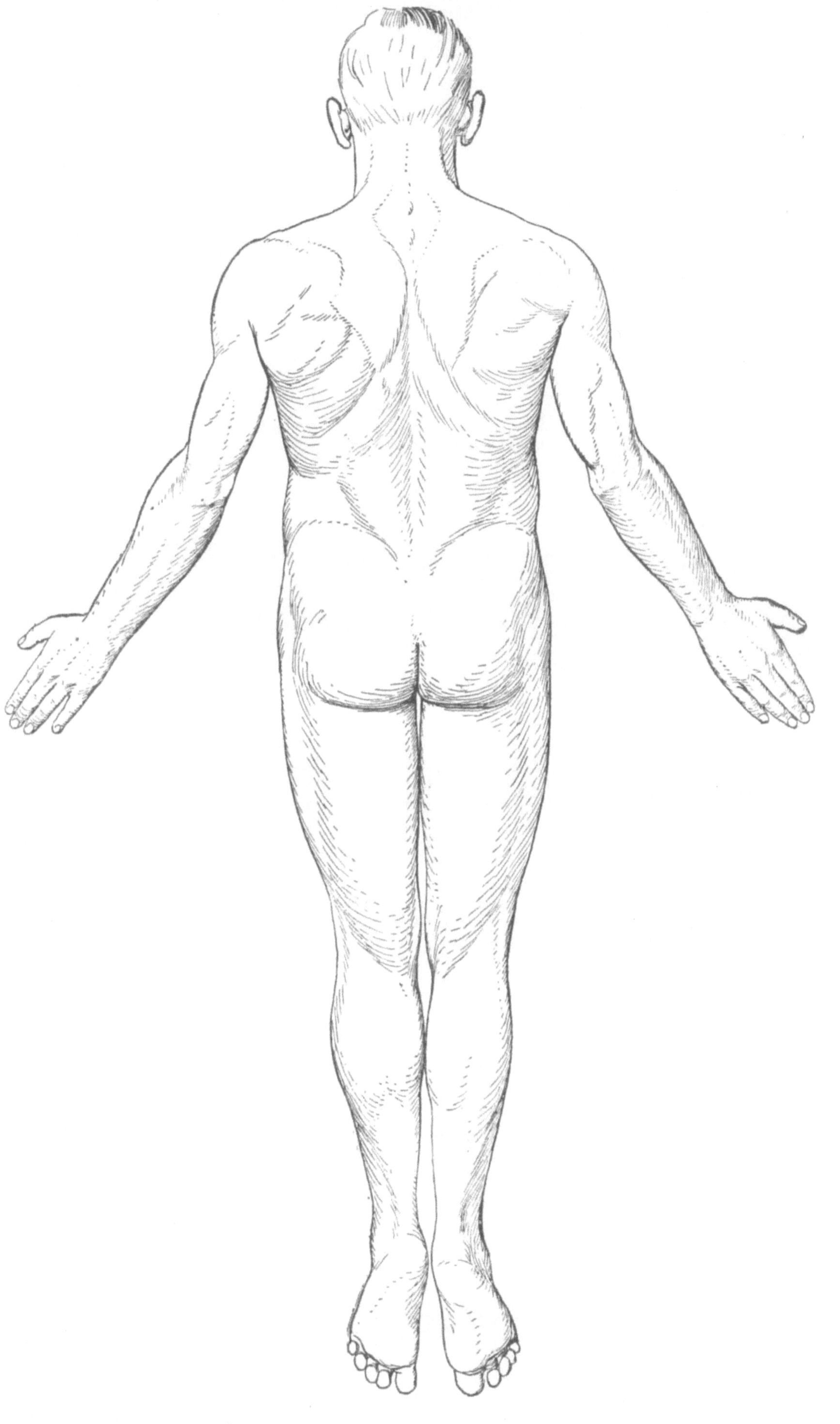

Name: .... Nr.: .... Datum: ....

Histopathologie des Nervensystems. Von Dr. **W. Spielmeyer,** Professor an der Universität München.
Erster Band: Allgemeiner Teil. Mit 316 zum großen Teil farbigen Abbildungen. VIII, 494 Seiten. 1922. RM 43,50

Technik der mikroskopischen Untersuchung des Nervensystems. Von Dr. **W. Spielmeyer,** Professor an der Universität München. Dritte, vermehrte Auflage. VI, 163 Seiten. 1924. RM 8,70

Die Stammganglien und die extrapyramidal-motorischen Syndrome. Von **F. Lotmar,** Privatdozent an der Universität Bern. („Monographien aus dem Gesamtgebiete der Neurologie und Psychiatrie". Herausgegeben von O. Foerster-Breslau und K. Wilmanns-Heidelberg, Band 48.) VI, 170 Seiten. 1926. RM 13,50

Die Bezieher der „Zeitschrift für die gesamte Neurologie und Psychiatrie" und des „Zentralblattes für die gesamte Neurologie und Psychiatrie" erhalten die „Monographien" mit einem Nachlaß von 10%.

Myelogenetisch-anatomische Untersuchungen über den zentralen Abschnitt der Sehleitung. Von Dr. phil. et med. **Richard Arwed Pfeifer,** Oberassistent der Klinik und a. o. Professor für Psychiatrie und Neurologie an der Universität Leipzig. („Monographien aus dem Gesamtgebiet der Neurologie und Psychiatrie". Herausgegeben von O. Foerster-Breslau und K. Wilmanns-Heidelberg, Band 43.) Mit 119 zum Teil farbigen Abbildungen. IV, 149 Seiten. 1925. RM 18,—

Die Bezieher der „Zeitschrift für die gesamte Neurologie und Psychiatrie" und des „Zentralblattes für die gesamte Neurologie und Psychiatrie" erhalten die „Monographien" mit einem Nachlaß von 10%.

Die Funktionen des Stirnhirns, ihre Pathologie und Psychologie. Von **Erich Feuchtwanger,** München. („Monographien aus dem Gesamtgebiet der Neurologie und Psychiatrie". Herausgegeben von O. Foerster-Breslau und K. Wilmanns-Heidelberg, Bd. 38.) IV, 194 Seiten. 1923. RM 12,—

Die Bezieher der „Zeitschrift für die gesamte Neurologie und Psychiatrie" und des „Zentralblattes für die gesamte Neurologie und Psychiatrie" erhalten die „Monographien" mit einem Nachlaß von 10%.

Nissls Beiträge zur Frage nach der Beziehung zwischen klinischem Verlauf und anatomischem Befund bei Nerven- und Geisteskrankheiten.

Erster Band. Heft 1: Mit 34 Textfiguren. 91 Seiten. 1913. RM 2,50

Erster Band. Heft 2: **Zwei Fälle von Katatonie mit Hirnschwellung.** Mit 48 Figuren. II, 112 Seiten. 1914. RM 2,80

Erster Band. Heft 3: **Ein Fall von Paralyse mit dem klinischen Verlauf einer Dementia praecox. Zwei Fälle mit akuter Erkrankung der Nervenzellen.** Mit 59 Figuren. 107 Seiten. 1915. RM 4,60

Zweiter Band. Heft 1: Herausgegeben von **F. Plaut** und **W. Spielmeyer** in München. Vier Fälle aus der Deutschen Forschungsanstalt für Psychiatrie in München. Mit 72 Abbildungen. IV, 128 Seiten. 1923. RM 7,50

Die Beiträge erscheinen zwanglos in Heften, die in sich abgeschlossen und einzeln käuflich sind.

Chirurgische Anatomie und Operationstechnik des Zentralnervensystems. Von **J. Tandler,** o. ö. Professor der Anatomie an der Universität Wien, und Dr. **E. Ranzi,** a. o. Professor der Chirurgie an der Universität Wien. Mit 94 zum großen Teil farbigen Abbildungen. VI, 159 Seiten. 1920. Gebunden RM 12,—

Die Chirurgie des vegetativen Nervensystems. Von Dr. **F. Brüning,** a. o. Professor der Chirurgie an der Universität Berlin, und Dr. **O. Stahl,** Privatdozent, Assistent der Chirurgischen Universitäts-Klinik der Charité Berlin. Mit 72 zum Teil farbigen Abbildungen. VIII, 234 Seiten. 1924. RM 18,—; gebunden RM 20,—